# みるく世や やがて

沖縄・名護からの発信

Urashima Etsuko
浦島悦子

インパクト出版会

# はじめに

2015年夏、辺野古新基地建設阻止をめざす米軍キャンプ・シュワブゲート前座り込みテントで、私は、夏休みの研究課題に辺野古の基地問題を選んだという女子中学生たちのインタビューを受ける光栄に預かった。県知事を先頭に辺野古反対の声が沖縄中に響き渡り、阻止行動や座り込みは連日、県内各地はもちろん県外、国外からも訪れる何十人、時には何百人もの各界各層の人々で賑わっている。子どもたちや若者の参加も多い。私たち地元住民が反対の声をいくら上げても無視され、頑張っても頑張っても次々に立ちはだかる壁の前で、それでも子や孫たちの未来のためにあきらめるわけにはいかないと、絶望しそうな心を奮い立たせてきた長い長い年月を思うと、隔世の感を覚える。「あきらめないでよかった!」と心から思う。

1995年10月21日、宜野湾海浜公園に八万五千人が結集して「少女暴行事件を糾弾し、地位協定見直しを要求する県民総決起大会」が開催された(宮古・八重山での集会を含めると10万人)。その前月、9月4日に起こった三人の米海兵隊員による小学生の少女拉致レイプ事件が沖縄全土を震撼させ、1972年の「日本復帰」以降も強化される一方の基地負担にあえぎ、積もり積もった県民の怒りを爆発させた。大会実行委員長を務めた大田昌秀知事（当時）の「少女の尊厳を守れなかったことをお詫びしたい」という痛切な言葉は、多くの県民の断腸の思いを代弁していた。

本書で五冊目になる記録の第一冊目（『豊かな島に基地はいらない——沖縄・やんばるからあなたへ』＝1995年10月〜2001年までの記録）の冒頭を、私はこの「戦後50年目の島ぐるみ集会」という見出しから書き起こしている。それは、米軍政下、軍用地の強制接収に対し「土地を守る4原則」を掲げてたたかった島ぐるみ土地闘争（1956年を頂点とする）以来の、党派を超えた「島ぐるみ集会」であったと同時に、今日の「島ぐるみ闘争」を生み出す、その始まりでもあった。振り返ってみれば、現在の「オール沖縄」のたたかいは、あのときに胚胎し、二〇年という長い年月、紆余曲折を経ながらも確実に育ってきたのだと思う。

県民の怒りに恐れをなした日米両政府は、それを何とかなだめようと、「世界一危険な基地」と言われる米海兵隊・普天間基地の「五〜七年以内の全面返還」を合意（96年4月、橋本首相・モンデール駐日大使会談にて）したが、県民の喜びもつかの間、県内移設条件付きのそれは、今日に至るまでの一八年間、「移設先」とされたわが名護市東海岸をはじめ沖縄全体を翻弄する嵐の始まりでしかなかった。

生物多様性の宝庫と言われる豊穣の海を破壊し、地域住民の生活やコミュニティを脅かす辺野古新基地建設問題（県民の怒りを利用し、普天間の「危険除去」という名目で、老朽化した普天間基地の代わりに最新鋭の新基地を造ろうとする意図を、県民は当初から見抜いていた）という嵐と、私たち地元住民、県民がどのように格闘し、その中で何を感じ、思い、そして未来へ向けて何をつくっていこうとしているのかについて、私は『インパクション』誌の連載を中心に記録を続けてきた。

前記の一冊目から『辺野古 海のたたかい』（２００２〜２００５年）、『島の未来へ――沖縄・名護からのたより』（２００６〜２００８年）、『名護の選択』（２００８〜２０１０年）は、それらをまとめたものであり、本書もそれに続くものだが、『インパクション』誌が昨年（２０１４年）末で休刊となったため、昨年11月の沖縄県知事選以降については、日本ジャーナリスト会議発行『ジャーナリスト』および婦人民主クラブ発行『ふぇみん』の連載を元に加筆した。

前著以降五年という長きにわたる、そしておそらくこの二〇年の中でも最もめまぐるしかった（それは現在もまだ進行中だが）激動の時期を一冊に編むに際して、連載中の記録の多くをカットせざるをえなかった。そのため選挙などの政治的流れが中心になり、その土台とも言える暮らしや自然環境という、本来、私自身が得意（？）とする側面を収録できなかったことはきわめて残念だが、前著『名護の選択』の最後に記した名護市長選（２０１０年2月、「海にも陸にも基地は造らせない」公約を掲げた稲嶺進市政の誕生）からの流れが沖縄全体の大きなうねりをつくっていった過程はお分かりいただけるのではないかと思う。

浦島 悦子

みるく世や　やがて　――沖縄・名護からの発信　目次

# 第1章　沖縄はまたしても切り捨てられた　民主党政権による裏切り

２０１０年６月～２０１１年９月

# 第2章 沖縄はレイプの対象？ ２０１１年11月～２０１２年5月 沖縄防衛局長発言 未明の辺野古アセス評価書提出



# 第3章 新たな「屈辱の日」 ２０１２年6月～２０１３年1月 オスプレイ強行配備 「沖縄建白書」提出

## 第4章 オール沖縄VS安倍自民党政権

辺野古を埋めさせてはならない

２０１３年2月～２０１３年12月

## 第5章　マブイを落とした仲井眞知事　２０１３年12月～２０１４年6月　名護市民はウチナーンチュの誇りを守る

# 第6章　新たな島ぐるみ闘争へ
## 2014年7月～2015年8月現在　辺野古・高江で同時に工事強行　翁長知事誕生

# 第1章

２０１０年６月〜２０１１年９月

# 沖縄はまたしても切り捨てられた

## 民主党政権による裏切り

### 「最低でも県外」の公約を裏切った鳩山首相

２０１０年６月３日記

２０１０年５月28日夕刻、天も泣いているかのように降りしきる雨の中、名護市役所中庭で「辺野古合意を認めない緊急市民集会」が開催された。この日、日米両政府は共同声明を発表し、「普天間飛行場の辺野古移設」を明言したのだ。「最低でも県外（移設）」と約束した鳩山由紀夫首相その人によってブーメランのように辺野古回帰がなされようとは、民主党政権が発足した九ヵ月前、誰が想像しただろうか……。

悪天候にもかかわらず駆けつけた一二〇〇人の市民を前に、集会実行委員長として挨拶した稲嶺《いなみね》進《すすむ》名護市長は、「今日、私たちは屈辱の日を迎えた」と切り出した。沖縄は何度侮辱され、屈辱を受ければすむのか……。マイクを握る市長の合羽からしたたり落ちる雨滴が無念の涙に見えたのは私だけだろうか。

「終止符を打ちたいと言ったにもかかわらず、また基地問題に翻弄される。市民の心を二分する。こんな状況が続くならば、私たちは未来に向かって豊かな名護市のまちづくりをやっていくことはとうてい望めません。……基地の街で、こんな不名誉なことで日本一にはなりたくありません」という市長の言葉には、新しい名護市のスタートを阻害するものへの怒りがあふれていた。

「私たちの心はもう、怒り頂点であります。爆発の状況にあります」「沖縄はまたしても切り捨てられた」「地方自治に対する侵害であり、暴挙であります」「この国に民主主義はあるんですか！」こらえ切れぬ思いを、いつになく激しい口調で発する市長の言葉の一つひとつに、中庭を埋めた市民は「そうだ！」と唱和し、指笛と拍手が鳴り響く。「辺野古移設に断固反対しよう！」「合意撤回までがんばろう！」と彼が呼びかけると、市民はいっせいに「おう‼」と応えた。

地元・辺野古区をはじめ市内各地の代表が、名護を翻弄してきた基地問題の苦しみ、鳩山政権への不信と怒り、市長を先頭に市民がひとつになってこの難局を乗り越えていく決意を口々に語った。採択された集会アピールは、「地方自治の侵害」「沖縄差別そのもの」と断じ、「（基地が不可欠なら）

負担は日本国民が等しく引き受けるべき」として移設断固反対、合意の撤回を強く求めた。

同時刻、那覇市の沖縄県庁前でも、日米合意糾弾・辺野古移設を許さない県民集会が行なわれ、雨をついて一五〇〇人が日米両政府に沖縄の声を突きつけ、国際通りをデモ行進した。


福島瑞穂・社民党党首は政府方針への署名を拒否して大臣を罷免され（「沖縄を裏切らなかった」彼女に対する県民の評価はきわめて高い）、社民党は5月30日、連立政権を離脱。鳩山首相は6月2日、引責辞任した。突然の報道を聞いた県民のあいだには、驚きと同時に、「辞めればすむ問題か！」「無責任だ」「当然」「ユーシッタイ（いい気味だ）」など、さまざまな思いと感情が交錯した。「対等な日米関係」をめざしたはずの鳩山氏が、自国民である沖縄県民の不退転の意思を後ろ盾にして米国とわたり合うのでなく、逆に、米国の傘を着て沖縄県民と戦い「玉砕」した姿はあまりにもぶざまだ。

次期首相には菅直人副総理が有力だと報道されているが、米国にきちんとものを言う気などない政権では、誰が首相になっても辺野古移設の方針が変わるとは思えない。

それにしても不思議でならないのは、地元合意のない日米合意がほんとうに実現可能だと政府は思っているのか、ということだ。96年の日米合意は、容認派の知事や市長の下でさえ地元住民・県民の反対によって実現できなかったのだ。今や名護市長の確固とした反対と県民世論の高まりの中で、それはいっそう無理となっている。その無理を押し通すために今後、ありとあらゆる手段で分断工作、脅しや懐柔が行なわれ、陰謀が張り巡らされるだろう。しかし、この一四年間、すべてを見てきた私（たち）はもう、どんなことがあっても驚かない。これまでと同様、反対の意思をしっ

雨の中、開催された「辺野古合意を認めない緊急市民集会」
(2010年5月28日、名護市役所中庭)

挨拶する稲嶺進名護市長（同）

かりと示し続けるだけだ。

鳩山首相の迷走の最大の「功績」は、「普天間基地問題」を、これまで無関心だった多くの国民に知らしめ、移設あるいは訓練移転先として取り沙汰された各地に火を点けたことだろう。

徳之島の友人は「こんなに近いのに、これまでは沖縄の基地問題は他人事だった。自分たちのところに来るとなって初めて考えるようになった」と語った。自分に火の粉がふりかからないうちは考えようとしないのは、善悪ではない人間の性《さが》だ。沖縄の私たちが敢えて「県外移設」を求めるのは、県外の人々に自分の問題として考えてほしいというラブコールなのだ。

ほんとうは鳩山氏に、もう少し政権に留まって、自分の始めた仕事をさらに推し進めてほしかったと思う。沖縄に基地を押し込め、「本土」日本人が見なくても、考えなくてもすんでいた日米安保を白日の下に引き出し、それがほんとうに必要なのか、全国的な議論を巻き起こしてほしかった。

彼は、「沖縄に負担をお願い」しに来るのでなく、全国行脚して、これが決して「沖縄問題」ではなく、日米安保の下にある全国民の問題であること、その論議なくして問題は解決しないことを説得すべきだったと思う。それこそが、「最低でも県外」と公約した政治家の取るべき行動ではなかっただろうか。

日本全国みんなが負担を負うのがイヤなら、日米安保はなくせばいい。国民世論をバックに、米国に対して堂々と見直しを求めればいい。安全保障を軍事力に頼る時代は過ぎたのだ。外交力を高め、いちばん遅れている米国を説得するくらいの気概を次の首相には持ってほしいと思う。

私（たち）は鳩山氏と現政権に対して非常に怒っているが、同時に、無関心を決め込んでいる多くの（県外）国民にも怒っている。鳩山氏を辞任に追い込んだのは、一に米国、二に、理想を持って出発した（はずの）首相の足をことごとく引っ張った閣僚たち、三に無関心な国民だ。

無関心が差別を生むことを、差別される側は骨身に染みて知っている。無関心を越えて、沖縄問題ではない「自分自身の問題」として真剣に考えてほしいと、全国民に訴えたい。

## 沖縄戦死者を冒瀆する日米の「感謝」

２０１０年６月25日記

沖縄「慰霊の日」の６月23日、糸満市摩文仁の平和祈念公園で開催された沖縄全戦没者追悼式（沖縄県及び県議会主催）に出席した菅直人首相は、会場入口で「怒」の文字と抗議の声に迎えられた。

夥しい血を吸ったかつての激戦地に、戦後六五年たってもなお癒えぬ傷を抱いて参列した五五〇〇人の人々の前で、首相は「沖縄の負担」への「お詫びとお礼」を述べた。心がこもっているとはとても言えない通り一遍の挨拶もさることながら、鳩山前首相から日米合意を継承した菅首相の「お礼」は傷口に塩を塗るものでしかない。腹の底からの怒りが込み上げてくる。参列者の中から「帰れ！」の怒号が飛び、会場はしばし騒然としたが、あとで「よく言ってくれた」と言う人たちも少なくなかった。

主催者として式辞を述べた高嶺善伸・県議会議長は、過去の戦争だけでなく現在も過重な基地負担に苦しむ沖縄の「普天間基地ひとつさえ返還できない状況」はとうてい納得できないと批判。仲宗根《なかそね》義尚・県遺族連合会長も辺野古移設反対を訴えた。普天間高校三年生の名嘉史央理《なかしおり》さんは自作の詩「変えてゆく」を朗読し、「当たり前に基地があって　当たり前にヘリが飛んでいて　当たり前に爆弾実験が行なわれている」日常を「変えてゆこう」と呼びかけた。

式典後、首相は仲井眞弘多《なかいまひろかず》知事と会談し、日米合意を進めていくスタートにしたいと語ったが、知事は「困難度はいっそう高まっている」と返した。

米軍を受け入れている沖縄住民に感謝する決議案が同日、米国下院に提出されたとの報道もあり、「慰霊の日」における日米双方からの「感謝」は、沖縄戦の死者を冒瀆し、未来永劫の基地負担を強いるものだと、県民の怒りを掻き立てている。

## 名護市議選は激戦まっただ中

2010年9月1日記

今年1月の市長選に続いて、名護市の選挙が再び（私たち市民から見れば）ありがたくない注目を浴びている。「基地問題という不名誉な日本一」（稲嶺進市長）を返上したいという名護市民の願いとはうらはらに、ストーカーのように辺野古移設に固執する日米両政府が、市民・県民の頭越しに「V字案」だの「I字案」だの、飛行経路を取り沙汰する中で、9月5日告示、12日投開票の名護市議選の結果が、基地問題の今後を大きく左右するからだ。

今年2月の就任以来、「海にも陸にも基地は造らせない」という公約を貫き、基地建設のための環境現況調査を拒否している稲嶺市長を支え、基地に頼らないまちづくりをめざす与党側と、少数与党にして市長を孤立させ「リコール」をも視野に入れた巻き返しを図る野党側との攻防は日毎に激しさを増し、野党側には民主党政権のなりふり構わぬテコ入れが明らかだ（多額の官房機密費が使われているのではないかと噂されている）。

在職時に「V字形沿岸案」で自民党政権と合意した前市長・島袋《しまぶくろ》吉和《よしかず》氏のもとに結集する名護市議選立候補予定者の激励会が7月23日、名護市内で行なわれ、一五人の予定者（公明党を含む）をはじめ地元経済界を牛耳る重鎮たちが顔を揃えた。参議院選挙で「県内移設反対」を唱えて当選した自民党の島尻《しまじり》安伊子《あいこ》議員、「辺野古移設は困難」と語っている仲井眞県知事も同席し、基地容認派と言われる各候補者への支持と応援を約束。彼らの唱える「反対」や「困難」が口先だけであることを自ら証明した。

8月4日には稲嶺進後援会の主催で、同市長を支持する一八人の立候補予定者の激励会が行なわれた。挨拶した市長は、県知事の二枚舌や民主党政権の裏切りを鋭く批判し、市長選における公約の実現、市政の安定した運営のために一八人全員の当選を強く訴えた。「多数与党で市長選を勝ち取ったはずなのに、蓋を開けてみたら少数与党になっていた」という彼の言葉には、並々ならぬ危機感が表れていた。

8月18日付の『沖縄タイムス』紙は、17日夜、前原誠司沖縄担当大臣が東京都内のホテルで島袋前市長や辺野古移設に積極的な大城《おおしろ》康昌《やすまさ》・辺野古区長、古波蔵《こはぐら》廣《ひろし》・名護漁協組合長らと会い、移設問題だけでなく名護市議選、県知事選などについて意見交換したことを報道した。その隣に並んだ記事は、前原大臣が同様の時間帯と場所で仲井眞知事と非公式会談を持ったことも伝えている。

名護市長や市民を愚弄するこのような動きは市民・県民の怒りを掻き立てずにはおかない。沖縄から見る限り、民主党は自民党よりさらにあくどいとしか言いようがない。県民の口から「沖縄差別」という言葉が頻繁に語られるようになった現実を、政府はどう考えているのだろうか……。

二七人の定数に対し現在までに三七人が立候補を表明（うち市長派一八人、反市長派一六人、中立三人と言われている）、市制四〇周年を迎えた名護市の歴史に特筆すべき激戦となっている。とりわけ基地建設予定地に最も近い東海岸＝私の住む久志《くし》地域では、地域出身の四人の候補者中、三人までが基地容認派という実態がある。久志地域は稲嶺市長の出身地であり、そこで市長を支える候補者が落選するようなことがあってはならないと、私たちは、久志地域唯一の市長派である東恩納《ひがしおんな》琢磨さん（現職）の、なんとしても譲れない必勝を期して日夜奮闘中だ。東恩納さんは、私たち「ヘリ基地いらない二見以北十区の会」の結成（1997年10月）以来のメンバーであり、基地ではなくジュゴン保護区の創設と、豊かな自然を活かした地域おこしを牽引する若手リーダーでもある。

名護市議選でどちらが過半数を制するか。そして、11月の県知事選で「県内移設ノー」の民意を体現する知事を誕生させられるかどうか――。この秋の二つの選挙に沖縄、ひいては日本の未来がかかっている。

## 「基地ノー」の民意、三たび――圧勝した名護市議選

2010年9月17日記

熾烈をきわめた選挙戦。内外の多くの人々が固唾を呑んで見守った投票結果……。名護市議選から一夜明けた13日、晩夏の太陽にきらめく辺野古・大浦湾の海は、いつもと変わらぬ美しさを湛えていた。絶滅に瀕した北限のジュゴンの生息域であり生物多様性の宝庫と言われるこの海域を埋め立てて新たな米軍基地を建設する国の計画に対し、今年1月、明確な反対を打ち出して当選した稲嶺進市長を支える候補者と、基地を容認する候補者のどちらが過半数を制するか。9月12日に行なわれた名護市議選には、名護市だけでなく沖縄の未来がかかっていた。そして名護市民は（97年の名護市民投票、今年の市長選に続いて）三たび「基地ノー」の判断を下したのだ。定数二七人中与党一六人という圧倒的勝利は稲嶺市政の今後を盤石のものにしたと言えるだろう。

まず、選挙結果を見てみよう。当日の投票率は72・07％。投票者総数三万二三八四人（有効投票数三万二〇九二）、うち期日前投票者数が一万六〇一人（前回市議選より約二千人増）であった。

当初、立候補を表明した三七人の内訳は与党系一八人、野党系一六人、公明党二人、「その他（現職の大宜味村議を辞め、民主党推薦で名護市議選に立候補）」一人だったが、告示直前になって野党系の一人が辞退し、「その他」が一人加わって（この人の得票数は二二票だった）、野党系一五人、「その他」二人となり、合計は変わらない。

与党系は一八人中一六人が当選し、それ以外の当選者一一人には公明党二人が含まれている。「その他」の二人はいずれも落選。与党系にも民主党推薦候補が一人いたが落選した。県民の意思に反し

て基地の県内移設を押しつけようとする民主党は、現在の沖縄ではすこぶる評判が悪い。

改選前の議席は与党一二人、野党一二人、中立三人と言われていた。市長選で稲嶺氏を支持した議員は一四人だったが、そのうちの二人と、島袋吉和・前市長を支持した一三人のうちの一人が市長選の後、いっしょになって新会派を作った。「中立」という建前とはうらはらに、その背後で糸を引いているのは、市民投票の結果を裏切って基地を受け入れ、辞任して以降も名護市の「陰の市長」として市政を裏から操ってきた比嘉鉄也・元市長だと言われる。

比嘉氏は、名護市の保守の「基礎票一万六千」を千票ずつ分け、一六人を確実に当選させると豪語していると伝えられていた。直前の一人（新人）の辞退は、市議会の過半数である一五人を、より確実に当選させるために下ろされたのだろうと噂された。

しかしながら選挙結果は、「野党優勢」「与党苦戦」という大方の予想をうれしくも裏切り、これまで名護市を牛耳ってきた比嘉鉄也＝ゼネコン支配が、もはや効力を失いつつあることをはっきりと示した。官房機密費を使った政府の梃子入れも、名護市民の良識には歯が立たなかった。「乱立」と言われた与党系は二人の落選に留まり、逆に「全員当選予定」だった野党系はめぼしい候補者が次々に落選した。彼らは基地問題の争点ぼかしを図ったが、賢い有権者はちゃんと見抜いていた。

告示前に出回っていたという怪文書（私自身はそれを見ていないが、見た人の話によると）には、三七人の立候補予定者の得票数が一覧表で示され、島袋前市長時代の副市長であった徳本哲保候補（新人）がトップ当選と予測されていたというが、実際には三一位で落選。基地推進派のメンツをかけた目論見はあえなく潰えた。元自民党衆議院議員・嘉数知賢《かかずちけん》氏の長男である嘉数巖氏（新人）も「親の七光り」が届かなかったのか三三位で落選、稲嶺支持から「中立」派に移った比嘉拓也氏（現職）も落選した。

一方、与党系は現職一二人全員に加え、新人三人、元職一人が当選。そのうち基地推進から反対に転じた比嘉祐一氏、元自民党員であった神山正樹氏、岸本建男・元市長（故人）の長男である岸本洋平氏など保守系の候補者（いずれも現職）に対しては特に、比嘉鉄也氏サイドからのさまざまな攻撃やバッシングが行なわれたというが、それをはねのけて岸本洋平氏は一四七六票で見事トップ当選。比嘉祐一氏、神山正樹氏も九〇〇票以上を獲得して当選した。

私自身は、基地建設予定地である名護市東海岸＝久志地域からの立候補予定者四人（前出の徳本候補を含む）中、唯一の市長派であり、この一三年間、基地反対運動をともにたたかってきた仲間である東恩納琢磨さん（現職）の選対事務局の中心を担っていたため、他の陣営のことはわからないが、「基地ではなく、自然を保全し、それを活かした地域づくりを」という私たちの主張が、前回選挙とは格段の差で、地域住民、名護市民にしっかり受け止められているという実感を持った。

とりわけ、市長選挙を通じて大きく変わった久志地域の空気が琢磨さんの追い風となった。前回は、隠れてしか琢磨さんを応援できなかった人たちが堂々と選挙運動をやることができたし、島袋前市長派の候補者（二見以北十区の大川出身。二四位で今回も当選）を支持していた人たちも「今回は琢磨に入れるよ」と言ってくれた。

琢磨さんは、前出の怪文書では「（前回と同様）次点で落選」となっていたらしいが、一〇五九票を獲得して上位（一〇位）当選。前回市議選に続いて今回も投票立会人に選出された私は、一票差落選という、二度と味わいたくないほどつらい思いをした前回と違って、余裕を持って開票の推移を見ることができた。

地方の議員選挙はまだまだ地縁血縁に頼る古い体質が色濃く、「マニフェスト選挙」など夢のまた夢、という感じだが、それでも、名護市民の意識が確かに変わりつつあると感じたのは、琢磨さんの基地反対やジュゴン保護活動に惹かれて全県・全国から手弁当で応援に駆けつけた人たちが、路地を歩いたり街頭で支持を訴えることに対する受け止め方だ。明らかに「よそ者」とわかる人たちへの市民のまなざしの温かさや激励は、反感を買うのではないかという杞憂を払拭し、排他性を越える可能性を感じさせた。

また、期日前投票に対する市民の意識もかなり変わってきたように思われる。今年の市長選挙では期日前投票が、尋常でない企業動員や投票の強制に使われた。今回も一部には企業動員が見られたものの、その多くはむしろ、意識的な人たちが率先して投票に行ったと見られ、期日前投票が、当たり前の投票行動の一つとして定着しつつあることを示している。

市長選挙に続いて今回も期日前投票所前に立った「不正投票監視団」のメンバーは、「名護市選挙管理委員会がとてもしっかりしている」と感心していた。介護の必要な人が来ると、付き添いの人には待ってもらい、職員が付き添って投票させていたという。「前回とは全然違う。市長が替わると、こんなにも変わるのかと思った」

13日午前、六年以上に及ぶ座り込みの続く辺野古テント村で、テント村を運営する名護・ヘリ基地反対協議会（反対協）に関わる三人の議員の当選を祝うささやかな会が催された。一一期目の当選を果たした共産党の具志堅徹さん、反対協の事務局長でもある二期目の仲村善幸さん（岸本洋平さんに次ぐ二位当選）、同じく二期目の東恩納琢磨さん。いずれも千票以上を獲得している。

辺野古のおじぃ・嘉陽宗義《かようむねよし》さんやおばぁたちも勢揃いし、テントに集まった人々とともに三人の当選を喜び合った。三人がそれぞれ抱負と決意を述べ、反対協代表委員の安次富《あしとみ》浩さんが、「名護市議選の勝利を、11月28日に行なわれる沖縄県知事選の勝利に繋げよう」と呼びかけた。

当選議員の間から、早速、市議会で基地反対決議を上げようという声が出ている。菅政権はあくまでも辺野古に固執する考えのようだが、名護の民意は既にしっかりと示された。私たちはさらに県知事選で沖縄の民意を示し、「基地建設」の息の根を止めるだろう。

テント村の前に広がる辺野古の海はエメラルドグリーンの輝きをさらに増し、リーフに砕ける白波が名護市民にエールを送っているように思われた。

## 名護の歴史を画した基地反対決議

2010年10月16日記

「賛成の諸君の起立を求めます」

名護市議会・比嘉祐一議長の声が議場に響いた。10月15日、名護市議会最終日。「米軍普天間飛行場『県内移設の日米合意』の白紙撤回を求める意見書」および同決議が一七対九の賛成多数で可決された瞬間、傍聴席を埋めた市民から拍手が湧き起こった。議案提出議員たちの熱心な努力にもかかわらず全会一致はかなわなかったが、公明党二人を含む三分の二の議員が賛成した意義は大きい。

1997年12月の市民投票以来、名護市議会における初めての基地反対決議を目の前に見ながら、私の胸には熱いものが込み上げた。かつて「基地賛成派」と言われた議員たちが、反対決議に堂々と起立していることに感無量の思いだった。

意見書および決議は「（5月28日の日米共同声明は）県外移設を求める名護市民及び県民の……、頭越しに行なわれたものであり、民主主義を踏みにじる暴挙として、また沖縄県民を愚弄するものとして到底許されるものではない。……県民への差別的政策にほかならない」と厳しく指弾し、「激しい怒りを込めて抗議し、その撤回を強く求めるものである」と述べている。

かねてから「議会と行政は車の両輪」と語っている稲嶺進市長は、「海にも陸にも基地は造らせないという私の公約、思いをしっかりと受けとめていただいた。今後は議会と二人三脚で政府に訴えていける」と喜んだ。

9月12日に行なわれた名護市議会議員選挙で稲嶺市政を支える与党が安定多数を獲得して圧勝した、その勝利が目に見える形ではっきりと示された。一三年間も続いてきた市長と市民、市議会と市民意思とのねじれ現象がようやく解消され、市長と市議会、市民が一つになって基地のない未来へ向けて歩み始めたのだ。名護市の歴史を画する決議であった。稲嶺市長は、この決議を携えての対政府要請に同行する意志を示している。

なお、同時に、「米海兵隊・垂直離着陸機MV22オスプレイの沖縄配備計画の撤回を求める意見書および決議」、名古屋で開催中の生物多様性第10回締約国会議に向けて、辺野古・大浦湾の生物多様性の保全を求める「生物多様性の保全に関する決議」が、与野党を含む全会一致で可決されたことを付け加えておきたい。

## 政府が名護市を門前払い

２０１０年11月6日記

10月名護市議会における「日米合意の撤回を求める決議」を携えて、比嘉祐一・市議会議長、大城敬人・市議会軍事基地等特別委員会委員長、稲嶺進市長の三人が11月4日、政府要請のため上京したというニュースに、私は隔世の感を覚えて感動した。市議会と市長がこのような行動を共にするのは、おそらく名護の歴史始まって以来のことだ。

しかし翌日、この感動は日本政府に対する激しい怒りに変わった。一週間前から日程調整していたにもかかわらず、内閣府、外務省、防衛省、米国大使館のいずれも、名護市側が求めた政務三役は対応せず、事務方が対応するとした（首相官邸からは面会要請への回答さえなかったという）ため、名護市側は内閣府以外の日程をキャンセルして帰ってきた。地元紙の報道によれば、三人は5日の帰任前に国会内で記者会見し、政府の不誠実な対応を批判したという。当然だろう。市議会と市長がいっしょになって名護市民の総意を届けに行った、その重さを、まるで紙切れを飛ばすように軽くあしらう姿勢は、市長や市議会だけでなく名護市民すべてを冒瀆し、差別するものだ。

政府が理由にしている、尖閣諸島問題で多忙だとか、（知事選前という）時期を考慮した、などというのは言い訳にもならない。基地を受け入れた前市長には大臣自らたびたび会いに来たり、わざわざ呼び寄せたことをどう言い訳するのだろう。政府の言いなりにならない名護市民、沖縄県民は切り捨てると、政府自らが宣言したに等しい。

一方で、名護市や地域における、いい意味での結束はますます強まっている。11月3日には稲嶺市長をはじめ職員約二〇人が船で大浦湾を視察した。これも画期的なことだ。市長だけでなく実務を担う職員らが現場を踏むことはとても重要だと思う。ヘリ基地反対協議会が船を提供し、沖縄・生物多様性市民ネットワークの牧志治《まきしおさむ》さんの案内で、一行は大浦湾のアオサンゴやハマサンゴ、辺野古の海草藻場などを視察・確認した。

視察後、稲嶺市長は「これだけの自然や生活を破壊する新基地建設を許してはいけない」と語ったが、たとえ基地問題に決着が付いたとしても、海の保全は今後の大きな課題となる。そのきっかけができたことを喜びたい。

私の住む三原区でも画期的なことがあった。11月5日に開かれた区政委員・班長合同役員会（二二人。月一回開催）で「新たな基地はいらない」三原区宣言が全会一致で採択されたのだ。10月の役員会で、稲嶺市長の出身区として、彼を支え、基地建設に反対する意思表示をしようとの提起がなされ、区長から私に、文案を作ってほしいという依頼があった。私の作った素案をもとに、役員や区民のさまざまな意見を取り入れて完成させ、この日に提案、採択の運びとなった。宣言採択には地元紙の取材を受け入れ、『琉球新報』は翌日の一面で大きく報道した（『沖縄タイムス』は翌々日）。

基地容認派だった前区長のもとでは考えられなかったことだが、これも、区民の日々の努力と、市長選前後からの大きな流れの変化がもたらしたものだ。知事選への後押しとして時期的にもよかったと自画自賛している。三原区の動きに触発されて、これに連動する近隣区の動きもあるという。区民の一人として私が誇らしく思うこの宣言を、以下に紹介したい。

---

「新たな基地はいらない」三原区宣言

今年五月二八日、日米両政府は、米軍普天間基地を辺野古周辺に移設することを明記した「日米共同声明」を発表しました。

これに対し、私たち三原区の区政委員・班長合同役員会は

1、「海にも陸にも基地は造らせない」という公約を堅持している三原区出身の稲嶺進市長を全面的に支持します。

2、新たな基地建設により、三原区上空を軍用機が飛び回り、騒音や墜落事故等の危険性に日常的にさらされます。

3、多数の米軍人の駐留により三原区の秩序が乱され、米兵による事件・事故等、区民、特に子どもたちへの悪影響など、安全・安心な生活が脅かされます。

4、新たな基地建設により、私たちの祖先が守ってきた豊かな自然や文化が破壊されます。
5、新たな基地問題によって、人間関係が破壊されるなど三原区の融和が妨げられます。
6、われわれ三原区は、基地に頼らず農・漁業と自然を生かした地域づくりをめざします。
以上の理由から、普天間基地の辺野古移設に反対し、「新たな基地はいらない」ことを、ここに宣言します。

平成二二年一一月五日

名護市三原区　合同役員会議

## 沖縄県知事に仲井眞弘多氏が再選

２０１０年12月5日記

11月28日夜、私たちは名護市内の伊《い》波《は》洋一選対北部連合事務所で、その日に行われた沖縄県知事選挙の結果を待っていた。伊波洋一知事と、同日選挙の宜野湾市長選で前市長・伊波氏の後継者である安里猛市長を誕生させ、「沖縄県―宜野湾市―名護市という三本の矢」の結束で日本政府に立ち向かおうと訴え、伊波候補を全力で支持・応援してきた稲嶺進名護市長もみんなと一緒に、事務所に持ち込まれたテレビの画面をじっと見守っていた。
実質的な一騎打ちとなった現職・仲井眞弘多候補と新人・伊波洋一候補のどちらが勝っても僅差、というのが地元マスコミを含めた予測であり、大接戦の当確が決まるのは夜半になるのではないかと言われていた。しかし、その予想を大きく裏切って早くも一〇時過ぎ、「仲井眞氏当確」の速報が流れた。「えーっ‼」「うそだろう！」悲鳴にも似た小さな叫びがあちこちで起こる。

「ホップ（名護市長選）・ステップ（名護市議選）・ジャンプ（沖縄県知事選）」で、長年苦しめられてきた新基地建設問題を今度こそ終わらせたいと、文字通り必死の思いで選挙戦に関わった私（たち）にとって、この結果は痛かった。四万票近くもの票差をつけて仲井眞氏が再選されたショックにその場が静まり返る中で稲嶺市長は静かに立ち上がり、「選挙に負けたのは残念だが、名護からのうねりが、辺野古移設容認派であった仲井眞さんを、県外移設と言わざるを得ないところまで追い込んだのは大きな成果だ。この公約をまっとうさせ、海にも陸にも基地はつくらせないために、今後もいっしょにがんばろう」と激励した。傷ついた心に沁みる慈雨のようなその言葉に、「この人が市長でほんとうによかった！」と感じたのは、私だけではなかったと思う。

それでも、回りの友人たちに勧められて無理に口にした夜食もほとんど味がせず、帰宅してから一人で泣き、二日間ほど何をする気力もなく過ごしたのは、やはりショックがかなり大きかったということだろう。60・88％という史上二番目の低い投票率、その中で前回知事選（仲井眞弘多氏VS糸数慶子氏。投票率64・54％）の三万七千票余よりもさらに広がった票差は、二重のショックだった。

その要因は何だったのか。

## 知事選の敗因を探る

投票率の低さは、民主党政権の度重なる裏切りと頻発する不祥事、支離滅裂な政権運営に対する県民の強い不信感を表すものだ。選挙戦中、各地域の伊波候補支持者の間から、「民主党への不信が伊波支持を妨げている」という悲鳴のような声が度々上がった。

そんな状況を見極めつつ、普天間飛行場の辺野古移設容認派だった仲井眞氏に選挙直前になって「県外移設」を公約させ、シンボルカラーまで同じにして争点をぼかし、投票率を低く抑えることに腐心した、自民党県連を含む同陣営（とりわけ選対本部長を務めた翁長雄志那覇市長）の戦術勝ちだったと言える。

私の住む北部地域では、多くの人が、ビラを含め仲井眞陣営の動きがほとんど見えず、あまりにも静かで気味が悪いと感じ、「職場で選挙協力をお願いしたら、どちらも県外移設と言っているから投票に行く必要はないと言われた」という話も聞いた。

私は、伊波候補を支持する市民が集う「沖縄の未来を拓く市民ネットなご」および伊波選対の北部連合支部女性部事務局長として選挙運動にかかわったが、宣伝カーの後を追いかけてまで激励してくれる名護市民、やんばる地域住民の反応は、1月の名護市長選のときと同じ熱気を感じさせた。しかし、誰かが「関心を持つ層の関心の高まり」と言ったように、その熱気が全体に届かず、多くの無関心層を動かすところまでは行かなかったようだ。というより、私たちの側が無関心層（特にその中心を占める若者層）に届く言葉や方法を見つけ切れなかったと反省すべきだろう。

投票率が低ければ、組織票を持つ仲井眞陣営は有利になる。とりわけ、投票総数の20％を超える史上最多の期日前投票で、彼らはその組織力を見せ付けた。今回の選挙では、建設業界の中に伊波支持が広がる一方、医療・福祉業界が組織をあげて仲井眞氏への期日前投票を進めたと聞く。仲井眞県政がこれまでも、これからも、医療・福祉政策に熱心だとはとても思えないのだが、何か大きな利権が絡んでいるのだろうか……。

一方、県知事選と同時に行われた宜野湾市長選では、伊波前市長の後継者である安里猛氏が自民・公明推薦候補を破って当選（こちらの投票率は前回を7％近く上回る67・13％）した。基地問題だけでなく、福祉・経済など市民生活全般にわたる伊波市政を市民が高く評価した結果だ。娘さんが宜野湾市に住んでいるという知人は、「宜野湾市は伊波市政になってから子育て政策が充実しているので、子育て世代の人たちがたくさん引っ越してくるらしい」と話していた。その実績を全県に伝えきれず、「基地問題の伊波・経済の仲井眞」という固定観念を打ち破れなかったのが残念でならない。

そんな中で、「沖縄の未来を拓く市民ネット」（那覇を中心に、うるま市、名護市にも事務所を設置）は、これまでのような政党・労組中心の選挙運動ではなく個人参加の市民が主体的に自立した運動を展開したという意味で画期的であり、それなりの成果も収めたと思うが、これまでさまざまな市民運動を担ってきた五〇〜六〇代の人たちが中心で、若者が少なかったこと、活動家の集まりという印象を持たれ、一般市民には敷居が高かったこと、などが反省点だろう。

## オール沖縄が求める「県外移設」

しかしながら基地問題に関する限り、私たちは敗北したとは思っていない。仲井眞陣営は「県民の心を一つに」というキャッチフレーズを掲げ、選挙公報でも基地問題を前面に押し出した。これまで基地に反対してがんばってきた側からすれば、「何をいまさら」「あつかましい」「（自分たちの主張を）掠め取られた」「県民の心を分断したのは誰だ」という思いはあるが、選挙に勝つためにはそれが必要だと判断した彼らの戦術は的を射たわけだ。

結果的に見れば、仲井眞・伊波両候補が獲得した六三万票は、オール沖縄と言ってもよい「県内移設反対」「県外移設」の県民意思を日本政府に突きつけたと言える。

菅政権は、仲井眞氏なら懐柔できると期待しているかもしれないが、圧倒的な県民世論に背を向けて「県外移設」の公約を覆すのは、それほど簡単ではない。今後、日本政府は日米合意＝辺野古移設を受け入れさせようと、硬軟さまざまな手段で沖縄に迫ってくるだろう。それをはねのけ、仲井眞知事に公約をしっかりと守らせることが、当面の私たちの仕事だ。

他方でいささか気になるのは、「尖閣諸島を守れ」「辺野古移設賛成。県外移設は国を滅ぼす」などと主張し、全県を精力的に演説して回った幸福実現党の金城竜郎氏が一万三千余を得票したこと。この数が多いか少ないかは議論の分かれるところだろうが、泡沫候補と侮れない要素を孕んでいるような気がする。特に若者たちの政治不信が「反中国」「反北朝鮮」のナショナリズムや極右・ファシズムへと流れないよう監視していく必要があると思う。

## 「アメとムチの交付金には頼らない」

２０１１年１月２日記

２０１０年12月25日付『沖縄タイムス』に「沖縄振興費　異例の増額」と「（再編）交付金凍結　名護に伝達」の見出しが並んだ。政府の言うことを聞く可能性がある（と政府が考える）沖縄県への「アメ」と、言うことを聞かない名護市への「ムチ」。名護市に支給予定だった再編交付金の２００９年度繰り越し分と１０年度分、計一六億八千万円を停止したばかりでなく、来年度予算には一〇億円を計上し、「言うことを聞くならあげますよ」と揺さぶりをかけている（バカにするにもほどがある！）。使い古された「アメとムチ」の手法だが、ここまで露骨に示されると、怒りを通り越してわらってしまう。

米軍ヘリパッド建設に反対して住民が座り込みを続けている東村高江では12月21日夜明け前、沖縄防衛局がヘリパッド建設作業を抜き打ち強行（さらに24日も）した。これも日本政府のムチ＝無恥をさらけ出している。市長や市議会が基地建設に反対している名護市に対しては「兵糧攻め」で、村長がヘリパッド建設を容認している東村では弱い立場の高江住民を実力で押し潰せばよい、という差別と蔑視に満ち満ちた意図が丸見えだ。

もともと米軍再編交付金自体が、馬の鼻先にニンジンをぶら下げるように札束で言うことを聞かそうとする汚い制度であり、野党時代の民主党は反対していたはずだ。権力を取った今、それを振りかざして沖縄県と名護市を分断し、県民の中に分裂を持ち込むことに何の痛みも恥ずかしさも感じないのだろうか……。

政府の再編交付金支給停止に対し、名護市は28日、市の部長会を開き、２０１１年度の予算に同交付金絡みの予算を計上しない方針を確認、市議会与党連絡協議会にも理解を得た。12月29日付『琉球新報』によれば、「市幹部は『市は今後、こういったアメとムチの交付金には頼らない市政を進めていく』と明言した。……政府が米軍普天間飛行場の辺野古への移設に向け、名護市の反対姿勢を翻意させることは不可能となった。稲嶺市長は24日、『政府がこのような決定をした以上、新たな財源の確保に努めながら、再編交付金に頼らないまちづくりに邁進していきたいと思う』とのコメントを発表していた。」

わが名護市には「逆格差論」という輝かしい財産がある。1970年代、日本復帰後の振興策バブルに沖縄中が熱に浮かされ、「本土との格差」を縮めるために「本土に追いつけ、追い越せ！」と走っていた時期、「本土並みの発展・振興」でなく、やんばるの豊かな自然と伝統文化にねざした等身大の発展・振興を掲げた新生名護市の「逆・格差」論は、内外の人々に大きな感銘を与えた。若かりし頃の稲嶺進市長もその歴史の中にいたと聞いており、それは、第一次産業を重視する稲嶺市政の方針の中にも垣間見えている。今こそ、「逆格差論」の原点に立ち戻るときだ。

年末から元旦に、沖縄を含む日本全体を襲った寒波＝冬の嵐のように、波乱含みで2011年が明けた。昨年末、沖縄の豊かな自然と平和を守りたいと、ともにがんばってきた、敬愛する二人の仲間（＝辺野古テント村の「村長」として、強い信念と誠実で温かい人柄が多くの人に慕われた當山栄さん、ジュゴンネットワーク沖縄事務局長としてがんばってこられた土田武信さん）が相次いでニライカナイへと旅立ってしまったことは、ほんとうに残念でならない。しかし私たちは、彼らの遺志を継ぎ、垂れ込めた雲の上に上がる初日のように、新たな希望を持って次の一歩を踏み出したいと思う。

民主党政権は12月17日、新防衛大綱を閣議決定し、これまでの「基盤的防衛力」から「動的防衛力」へと大きく踏み出している。辺野古新基地建設、宮古島や与那国への自衛隊配備など、戦争へ向けた動きが加速していることが沖縄では肌身に感じられ、恐ろしい。戦争や軍備増強によっては何も解決しないことを身をもって知っている沖縄から、この流れに歯止めをかけ、国境を越えた東アジアの平和に向けた動きを作っていきたい。

## 崩れ行く現代文明——大震災と原発事故に思う

２０１１年３月24日記

未曾有の東北関東大震災と、それに追い討ちをかけた福島原発の大事故。地震・津波発生から一週間以上経っても全容がわからない爪跡の凄まじさ。原発事故が破局へ向かいつつあるのではないかという不吉な予感……。いたたまれない日々が続く。

私は何十年もテレビのない生活をしていたが、山間の難視聴地域であるわが集落に、地デジ移行に伴って共同アンテナが設置されることになった。その管理運営のための組合に加入を勧められたので、老い先を考えれば必要になるかも、と思って加入し、テレビを入れたばかり。そのテレビで真っ先に、世にも恐ろしい大津波の映像を見ることになろうとは想像もしていなかった。

地震も怖いが、それが引き起こす津波はもっと恐ろしい。命からがら避難所にたどり着いた人が「ほんとうに起こったとは、まだ信じられない」と、呆然とした顔で語っていたが、化け物のように巨大な波が10メートルもの防潮堤を軽々と越え、家々も車も人の暮らしも、濁流があっという間に呑み込んでいく光景は、ほんとうにこの世のものとは思われなかった。一生懸命汗を流し、営々と築き上げてきた町や村が一瞬のうちに瓦礫と泥の荒野に変貌するのを目の前で見た人々の胸の内はいかばかりだっただろう……。
自らの拠って立つ足元が激しく揺れ、崩れ、流されていく。地震と津波の映像を見ながら、それは、人間存在としての私たちの現在のありようを象徴しているように思えてならなかった。

とりわけ、人災そのものである原発事故は地震や津波以上に現代文明の矛盾を露呈している。実は、私の実家のある鹿児島県薩摩川内市《さつませんだい》にも川内原発1号機、2号機が稼動し、さらに3号機の建設が計画されている。それに対して積極的に反対の活動をやってきたわけではない私が言うのもおこがましいけれど、人間がコントロールできない原発は作るべきでないと、ずっと思ってきた。コントロールできるという「安全神話」が、地震と津波によってガラガラと崩れ去り、いかにもろいものであったかを私たちは今、見せ付けられている。

高濃度の放射能にさらされながら、人海戦術で（現場で決死の努力をされている人々のことを思うと、胸が締め付けられる。原発労働は事故のない時でさえ、文字通りの使い捨てだ）海水をひたすら掛け続けるという原始的な方法以外になす術がない（それさえ、どこまで効果があるのか、いつまで続ければよいのかもわからない）というのが、現代文明の先端であるはずの原発技術の現実なのだ。

四機もの原発が連鎖的に次々とトラブルを起こし、爆発を繰り返しながら、高濃度の放射能を帯びた水蒸気をもくもくと上げている映像と、「（排出される放射能が）ただちに人体に影響を及ぼすレベルではない」と繰り返す政府発表の落差――。「放射能は水で洗い流せる」だって？　その水はどこに行くの？　移動した先をまた汚染するだけ……。外部被曝と内部被曝の違いも、わざとあいまいにしているとしか思えない。水や土壌の汚染が次々に広がり、摂取制限や農作物の出荷制限を行いつつ「安全だ」と言い張る政府や御用学者にあきれ果ててテレビのスイッチを切ることが多くなった。

原発事故が地震や津波と決定的に違うのは、たとえ事故がどうにか終息したとしても、放射能汚染は「復興」不可能だということだ。排出されてしまった放射能は、空気を、水を、土壌を汚染し、子々孫々まで害を及ぼす。風や気流に乗って大気圏に拡散する。吸う空気も飲む水も食べ物も、すべて汚染された地球を私たちは未来世代に残すことになるのだ。

今はただひたすら、これ以上、最悪の事態に至らないことを祈るだけだ。そして、この事故を教訓に、原発の新設はすべて取りやめ、既設のものは停止し、廃炉にすることを提案したい。すでに排出された放射能や廃炉にしたあとの管理、すなわち、造るべきでないものを造ってしまったツケを長期間、未来世代にまわさざるをえないことは慚愧に耐えないが、万一、今回の事故を経てもなお原発文明を推し進めようとするのであれば、その罪はさらに、限りなく大きいと言わなければならないだろう。

そんな「心ここにあらず」の状態で、実は原稿を書く気にもなれないでいるのだが、私たちがこの島で地を這うように行っている悪戦苦闘も、ささやかではあれ、現代文明のありようを問い直すという意味では震災や原発事故が孕む問題点と通底している。そう思い直して、以下、報告することにしよう。

## メア差別発言と「トモダチ」作戦

3月7日の沖縄地元紙によると、米国務省日本部長（当時）のケビン・メア氏が昨年12月、東京と沖縄への研修旅行に出かけるアメリカン大学（ワシントン在）の学生に対して事前に行った、沖縄差別に満ち満ちた講義の内容が発覚した。実際に沖縄を訪れて沖縄戦跡や普天間飛行場、辺野古テント村や東村高江等を訪ね、沖縄戦体験者の話を聞き、基地被害の実情に触れた当の学生らが、メア発言と沖縄の現実とのあまりの落差に驚き、黙ってはいられないと各自の講義メモを持ち寄って発言録をまとめ、公表したもの。

メア氏は2006～09年の在沖米総領事時代にも沖縄を差別・蔑視する発言や行動を繰り返し、09年4月には領事館近くのコーヒー店で客からコーヒーを掛けられたこともある悪名高い人物だが、この講義はそれらの発言の集大成とも言えるもので、「沖縄人は日本政府に対するゆすりの名人。怠惰でゴーヤーも栽培できない」「普天間飛行場が世界で最も危険だと言うが、福岡空港や伊丹空港も同じように危険」「沖縄人が基地の周囲を都市化し、人口を増やした」「日本政府は沖縄県知事に、お金が欲しければ（辺野古への移設に）サインしなさいと伝える必要がある」・「沖縄県民と話をするのは不可能」等々、あきれるほどのレベルの低さ、むき出しの占領意識が際立っている。

発覚直後の3月8日、沖縄県議会は全会一致で抗議決議を行い、県内各市町村議会も次々と決議をあげた。県内における反発の強さ、大きさにあわてた米国政府は異例の速さで10日、メア日本部長を更迭し、事態収拾を図ったが、沖縄の識者たちが指摘するように、このような意識がメア氏だけでなく米国の日本外交におけるホンネである限り、同じことは今後、何度でも起こりうる。

米軍占領時代は言うまでもなく日本復帰後も同様の事態を繰り返し体験してきた県民には、日本政府の反応の鈍さも含め「またか」という冷ややかな既視感がある。しかし繰り返されればされるほど、日米両政府は今後ますます窮地に立たされるだろう。立場や党派を超え、沖縄が一つになって日米政府に「ノー」を突きつけるべきだという声が強まっている。これで辺野古移設はいよいよ不可能になった。勇気を持って告発した米国の若者たちを支えようという呼びかけも行われている。

そのメア氏（日本部長は更迭されたが国務省には留まっている）を米国政府は、東日本大震災に関する日米関係の調整担当に当てた。「人種差別主義者」として有名になったメア氏の汚名挽回を図るつもりかもしれないが、災害を利用したそのような人事も、米軍の災害援助に付けられた「トモダチ」作戦という気持ちの悪い名称も神経を逆撫でするだけだ。

震災からの救助・救援や原発事故への緊急対応には、米軍であれ自衛隊であれ、持てる最大限の力を発揮して欲しいと願う。しかし、そのことによって軍の存在が正当化されるわけではない。3月18日付の『琉球新報』社説は、災害支援に絡めて在日米軍が在沖海兵隊の存在意義をアピールしていることを強く批判し、「米軍がどのようなレトリックを使おうとも、県民を危険にさらす普天間飛行場やその代替施設は沖縄にいらない」と断言している。

この間の災害報道の中で、自衛隊の存在感、存在価値が高まっているのも気になる。大震災や原発事故への支援が、軍隊としての自衛隊の強化につながることがあってはならない。むしろ自衛隊は武器を捨て、専門知識と技術を持った災害援助隊として組織しなおし、国内だけでなく世界各地への災害支援に派遣すればいいと思う。そのような国際貢献こそが、真の意味の（彼らの言葉を借りれば）国防=国を守ることにつながるのではないだろうか。

## 思いやり予算は被災地へ――「約束の日」普天間と辺野古で行動

2011年4月13日記

2011年4月12日。一五年前のこの日、普天間基地の「七年以内の全面返還」に日米両政府が合意した「約束の日」だ。しかしながら、県内移設を条件とするそれは、一五年経っても実現のめどが立たず、騒音被害は深刻化する一方だ。この日、普天間基地では、普天間爆音訴訟団と「カマドゥ小《グヮー》たちの集い」（宜野湾の女性グループ）が米軍の飛行ルートに二〇個の風船を上げ、「約束」が未だ果たされていないことに抗議した。

朝の9時から夕方の5時まで、上空50メートルの高さにまで上がった風船は米軍機の飛行を不可能にした。米軍は沖縄防衛局に対し、これをやめさせるよう要請したが、米軍基地には航空法が適用されず、規制する法律がないため、手の打ちようがなく、米軍も防衛局も傍観するしかなかったという。シタイヒャー（やったね）！

同日、座り込み二五五〇日目を迎えた辺野古テント村では、「沖縄からの軍事費についてのグローバル行動」が行われた。これは、ストックホルム国際平和リサーチ研究所が世界の軍事費に関する年次報告を発表する日に合わせて呼びかけられた「軍事予算を考える世界アクションデイ」の一環で、同様の行動が世界三五カ国、一〇〇ヵ所以上で実施された。

２０１０年会計年度最終日の3月31日、国会において、今後五年間の在日米軍駐留経費負担予算（＝いわゆる「思いやり予算」）が駆け込み承認された。未曾有の東北・関東大震災、深刻な原発事故災害という危機的状況の中で、被災した多くの人々が援助を求めており、政府は救援・復興予算の捻出に苦慮しているこの時期に、在日米軍を支援するために年間一八八一億円もの血税を支出することは到底納得できない。しかも、日本政府が負担している米軍基地関係経費は六七二九億円にのぼっており、思いやり予算（労務費、光熱水道費、提供施設整備費、グアムへの訓練移転に関わる経費等）はその約三分の一に過ぎないのだ。

在日米軍は震災復興への派遣を「トモダチ作戦」と名づけ、全国のマスメディアはこれを称賛する報道を行ったが、米軍の支援は金額にして六〇億円に過ぎず、しかも原発災害の及ばない安全圏での活動でしかなかった。沖縄ではむしろ、米軍駐留や海兵隊の必要性を強調するマスメディアの論調を危惧し、震災復興に恩を着せて、滞っている普天間代替施設＝辺野古新基地建設を進めようとするのではないかと、日米両政府による「火事場泥棒」に警戒を強めている。

サンゴ礁の海を前に初夏のような日差しが照りつけるテント村には、座り込みを続ける地元のお年寄りや住民をはじめ、沖縄各地から集まった人々が、「思いやり予算は被災地へ」「武器をスコップに、戦車をショベルカーに！」などと日本語や英語で書いた思い思いのバナーを広げて意思表示した。当日発表した声明は、日本政府に「思いやり予算の凍結と、震災の援助や復興にまわすこと」、米国政府に「トモダチとして、思いやり予算の受け取りを拒否すること」などを求めている。

普天間での行動が辺野古テント村に伝えられ、米軍機の飛行を止めていることが報告されると大きな拍手が湧き起こった。

## 「稲嶺市政を支える女性の会（いーなぐ会）」を結成

2011年4月22日記

4月20日夜、「稲嶺市政を支える女性の会（通称：いーなぐ会）」の結成集会が名護市21世紀の森体育館会議室で開催され、詰め掛けた一五〇人余の女性たちの熱気に包まれた（「いーなぐ会」は、ウチナーグチで「女」を意味する「いなぐ」に「いいなぐ＝よい名護」を重ねたもの）。

昨2010年2月に就任以来、「陸にも海にも基地は造らせない」という公約を貫いている稲嶺進名護市長に対し、日本政府は米軍再編交付金の支給停止や、行政不服審査法を悪用した（基地建設のための環境調査に同意しない）名護市への異議申し立てなど、ほとんど嫌がらせに近い攻撃をかけてきている。

そんな中で、「アメとムチの再編交付金には頼らない」ときっぱり宣言し、「市民の目線でまちづくり」を進めている稲嶺市政を女性の力で支え、同時に、市民の半数を占める広範な女性の声を市政に反映させていこうと、私たちは昨年12月から準備活動を行ってきた。11月の県知事選で伊波洋一候補を応援（稲嶺市長も積極的に応援）した女性たちが反省会で集まったとき、知事選を通じてできたつながりを今後に活かし、次期市長選を視野に入れた、より広い女性のつながりを作っていこうと話し合ったのがきっかけで、何度かの協議を重ね、今年2月11日には、同準備会の主催で「稲嶺市長と語ろう会」を開催した。これには七〇人の女性たちが参加し、市長と親しく語り合った。

結成大会では、会の規約、役員、年間計画などが承認され、翁長《おなが》久美子名護市議ほか福祉・教育など各分野から四人の共同代表をはじめ一二人の役員を選出した（準備会の事務局を担った私は事務局長に就任した。この日の資料も私が準備したのだが、出席者は一〇〇人程度と予想していたため、うれしい誤算。資料の増刷や椅子の追加でみなさんに迷惑をかけた）。また、四人の女性が自立経済、基地問題、子育て、障害者の問題など、命を育む女性の立場から名護市政への期待・提言を述べた。

それらを熱心に聴いていた稲嶺市長は、挨拶の冒頭で、「こんなにたくさん集まっているので別の会だと思いました」と笑わせ、「よくみなさんに『たいへんですね』と言われるんですが、そうでもないんですよ」と余裕を見せた。会場を埋めた女性たちの熱いまなざしを一身に受け、彼もまた熱く、次のように語った。

「昨年1月（の名護市長選）を境に名護も沖縄も変わってきた。11月の県知事選は（伊波洋一候補が）負けたが、これまで県内移設を容認してきた現知事が県外移設へ大きく方向転換せざるをえなくなったという意味では勝利したと言える。沖縄振興開発法は、その裏を見なければならない。お金をあげるから基地を受け入れなさい、というもの。沖縄が自立したら国の言うことを聞かなくなるので、自立させないことが目的だ。これまで私たちは便利さを追い求めてきたが、それで幸福になったのか。今こそ立ち止まって、自分たちにとって何がほんとうにいいのかを考えるべきときだ。少しの不便は不幸ではない。生活そのものである女性たちのパワーをもらって、いい名護市をつくっていきたい」。

結成集会には、沖縄選出の糸数慶子参議院議員が（国会開会中のため）メッセージを寄せ、また参加者の中には他市の女性議員たちの姿も見られ、関心の高さを示していた。いーなぐ会は今後、学習・広報活動に加え、市政との連携や提言なども積極的に行っていく予定だ。

## 韓国「派遣美術団」が辺野古にやってきた！

2011年5月17日記

5月13日、久しぶりに宜野湾市の佐喜眞美術館を訪ねた。普天間基地に隣接して建つ同美術館で私は、名護に引っ越す前（もう一五年も前になるが）の一年余り、受付の仕事をさせてもらったが、名護に来てからは、見たい展示があってもなかなか行けずにいる。今回は運良く、宜野湾に行く用事が、是非見たいと思っていたイ・ユニョプ版画展の開催と重なった。

「基地に抗して大地と生命の声を刻む」と冠した版画展の作家イ・ユニョプは、パンフレットの解説によると、駐韓米軍基地移設のための土地の強制収用に反対してたたかうテチュリ（大秋里）に入り、「二〇〇五年の冬から、テチュリが消え去るまで一年半余り、村で暮らしながら、日々の闘いと、村人たちの生活を版木に刻み続けた。平和の破壊者、米軍と国家権力の暴力を版画に刻みこんだ。寡黙な作家はまた、村のゴミ捨て場を黙々と片付け、ベンチを据え、退去を目の前にした村人たちの憩いの場をつくった。（稲葉真以）」

その版画は私の魂をすっかり虜にした。版画展のタイトルは「ここに人がいる」だったが、そこには人だけでなく、牛や犬などの家畜、魚や鳥をはじめ野生の動物、植物、たくさんの命がいた。国家権力や米軍の暴力とたたかう人々の姿が力強く迫り、土に根ざして生きる人々の体温がそのまま伝わってくる。とりわけ私の胸に染み込んできたのは、物言わぬ命に対する作家の温かいまなざしと敬意だ。人と、自然界の生きものがまったく対等であることを彼は知っている。彼の描いた白頭鷲もアオバズクも、凛として、ぞくっとするほどかっこいい。

私がもっとも惹きつけられた版画の一つが、「川は生きている」と題する画だ。山々から湧き出る水が流れ、その恵みに生かされるたくさんの動植物、豊かな生態系が描かれている。その中には人間もいる。いかにも牧歌的に見えるこの画が、実は、ハンガン（漢江）、クムガン（錦江）、ナクトンガン（洛東江）、ヨンサンガン（栄山江）の四大河川に二〇ヵ所以上のダムと堰を造る大規模開発を告発したものであることを、私はパンフレットを読んで知った。人間だけが黒く描かれているのは、生かされていることを忘れ、生態系を破壊する邪悪な心を表しているのだろうか。

じっくりと一通り見たあとも立ち去りがたくてうろうろしていたところへ、韓国からの訪問団が美術館に入ってきた。佐喜眞館長に加え、なんとイ・ユニョプさんその人が現れ、説明している。これ幸いと私も一団の後ろに付いて、もう一度見ることにした。韓国語がわからないのであまり話はできなかったが、一団の中に、パンフレットの解説を書いた稲葉真以さんがいて、時々通訳してくださったし、ユニョプさんにも紹介してもらった。

彼は1968年生まれというから今年四三歳。でも、見た目はもっと若く、朴訥で飾らない青年、という感じだ。画の中によく出てくる山と魚は彼の生まれ育った故郷を表しているのではないかと聞いて、なんだか胸にストンと落ちるものがあった。彼の中にしっかりと大自然に根ざした存在があり、それが私を捉えたのだろう。

ユニョプさんだけでなく美術家集団がテチュリに入って、村人と生活を共にし、共に闘い、創作したことをパンフレットで読んだばかりだったが、目の前の一行が、韓国で「派遣美術団」と言われるその人たちだったのだ！　美術家たちは住人のいなくなった空き家に壁画を描き、造形物を設置したという。反基地闘争の歴史は長いのに沖縄ではなぜそんな美術家集団がいないのだろうと思った。

一行は翌々日の日曜日（15日）に辺野古のテント村を訪ねるという。偶然にも、ちょうど私がテントの責任者当番の日だ。「辺野古で会いましょう」と言って別れた。

15日、予定通り来てくれた（私の尊敬する徐勝さんも一緒だった）一行に、私は辺野古のたたかいの経過、ジュゴンをはじめとする自然や人々の暮らしについて話し、稲葉さんが通訳してくださった。充分に伝わるような話ができたかどうか心許なかったけれど、話のあと、ユニョプさんが「何か描くものはないか」と聞いてきた。「これが派遣美術団よ」と稲葉さんがにっこりした。

ペンキがあるといいのに、と思ったが、テントにはあいにくマジックインキしかない。「これでいいよ」とユニョプさん。マジックを手に、どこに描こうかと見回している。テント内に立ててある壁代わりの板は展示物があるのでダメ。テントの屋根の内側に描くことになった。販売物コーナーにあるジュゴンの絵葉書を見たり、ぬいぐるみを手に取って、しばらく構想を練っていたユニョプさんが、机を足場にして描き出すと速かった。見る見るうちに、怒れるジュゴンと、その上に乗って米軍のミサイルを素手で止めている人物の絵が出来上がった。ユニョプさんによれば、この人物は私だという。別の美術家が、(絵の中の私の)服に花の模様を描き入れてくれた。

あまりにも勇ましく描かれて面映かったけれど、ちゃんと伝わっているんだと、うれしかった。テントの中に新しいものが芽生えたような気がした。沖縄にもこんな美術団が生まれるといいなと、心からそう思う。

## オスプレイ配備「正式伝達」という「開き直り」

２０１１年６月８日記

辺野古漁港に隣接した海岸沿いの座り込みテント村から海を眺めて座っていると、この沿岸域を住処とするいろいろな生き物たちが姿を見せてくれる。潮が引くにつれてテント村の前に広がっていく干潟にはさまざまな貝やカニたちが生息しているが、なかでも子どもたちや遠来の客(最近は、辺野古テント村も有名になって、「観光」ついでに訪れる人も多くなった)に人気のあるのはミナミコメツキガニだ。直径1センチほどのつややかな青色の小さな甲羅を背負ったこのカニは、無数の砂ダンゴを作りながら潮の引いた干潟を大群で移動するが、人が近づくと一斉に砂の中に潜り込んでしまう。その追い掛けっこの楽しさと、体色の美しさが魅力の源泉だが、ほかのカニと違ってなぜか前にしか進めない。群れをなしてひたすら前進あるのみ、という特徴のゆえか「兵隊ガニ」とも呼ばれているらしいが、大宜味村のある地域では「ヤマトンチューガニ」と呼ぶと聞いた。兵隊やヤマトンチューに擬せられたコメツキガニはいい迷惑かもしれない。

それより迷惑しているのは、テント村の向かいに見える小島（タカシダキと呼ばれる辺野古の昔からの聖地でもある）をねぐらにしているミサゴ（英語でオスプレイ）だろう。満ち潮とともに入ってくる魚を狙って低空飛行し、急降下して見事に獲物を捕らえる様を目の前で見せてくれるこの誇り高いワシタカ科の鳥の名前が、欠陥機として悪名高い米軍の軍用機に使われているからだ。

無理な設計のためバランスが悪く、開発過程で墜落事故を繰り返し、「空飛ぶ棺桶」「未亡人製造機」などと酷評される垂直離着陸機MV22オスプレイは、辺野古の美しい海を背景に悠々と空を舞うミサゴとは似ても似つかない。そのオスプレイを米海兵隊が2012年から普天間飛行場に配備すると、6月6日、沖縄防衛局が沖縄県や宜野湾市、名護市、金武町などの関係自治体に「正式に」伝えたという（6月7日、地元紙報道）。

日米両政府が辺野古沿岸部に建設を計画している新基地に、米軍はオスプレイの配備を予定している（1996年11月のSACO最終報告草案に明記）こと、辺野古移設が進まない中で、CH46中型輸送ヘリコプターの後継機としてオスプレイを普天間基地に配備する予定であることを、私たち沖縄県民はとっくの昔に知っていた。何も目新しい話ではまったくない。米軍が明らかにしているにもかかわらず、日本政府はそのことを隠し続け、「知らぬ存ぜぬ」を押し通してきた。辺野古新基地建設に関わる環境アセスメントの中でも、オスプレイ配備に一言も触れていないことを私たちは追及し続けて来たし、辺野古新基地と一体の計画と言われる東村・高江のヘリパッドを「オスプレイパッド」と呼んで反対してきた。

今回の「伝達」は、隠しようもなくなった（2009年5月、米会計年度航空機配備計画で2012年10月の普天間への配備計画が明らかになり、同年8月、米海兵隊が公表していた）後でさえ「正式には聞いていない」などとごまかしていたのが、もう、どうにもごまかせなくなったということでしかないが、逆に言えば、だからこその「開き直り」、沖縄全体をオスプレイの訓練区域にするぞ、という宣戦布告とも取れる。しかも、正式伝達と言いながら、今回だけでなく最近の日本政府の姿勢は、電話ですませるとか、誰もいない机の上に紙切れを一枚置いていったりとか、沖縄をバカにしているとしか思えない態度が目に余る。仲井眞県知事をはじめ伝達された各自治体は当然にも猛反発しているが、なかでも、戦後六五年以上も軍用ヘリや戦闘機の爆音・騒音に悩まされ（普天間基地の近くに住むある男性と話したとき、彼は私の質問を何回も聞き返し、「難聴なのでごめんね。近所の人たちもみんな耳が潰れているよ」と言っていた）、墜落の危険に怯える宜野湾市民の怒りは大きい。騒音も墜落の危険も、今以上に増加することが懸念される。今こそ、普天間基地の一日も早い閉鎖・撤去に向けて、県民一丸となって声を上げるときだ。

## 2プラス2の無意味な「合意」

２０１１年6月25日記

6月23日の「慰霊の日」、糸満市の平和祈念公園で開催された沖縄全戦没者追悼式に出席した菅直人首相は、米軍普天間基地の返還・移設問題について質問した記者団に「いろいろ検討したが県外・国外移設は困難」「普天間基地の固定化を避けたい」と答えた。（沖縄が）辺野古への移設を受け入れなければ普天間は固定化するという「脅し」を、六六年経ってもなお癒えない悲しみの地で、平気で口にする人の神経を疑う。仲井眞県知事は「みんな沖縄のせい、なのか」「理解できない」と吐き捨てた。

その二日前の21日、米国ワシントンで行われた日米安全保障協議委員会（2プラス2。日本から北沢俊美防衛大臣、松本剛明外務大臣、アメリカからゲーツ国防長官、クリントン国務長官が出席）で、2014年までの移設期限を撤回し、「できる限り早い時期に」普天間飛行場の代替施設として名護市辺野古崎に1800メートルの二本の滑走路をV字形に建設することが合意された。「最低でも県外（移設）」を公約にして政権交代した民主党政権が、打倒の対象であった自民党案にまるごと回帰したことに、沖縄県民は怒りを通り越してあきれ果てている。

日米両政府が辺野古沿岸域への移設を打ち出してから一五年。その間、権力と金力を総動員したすさまじい攻勢、ありとあらゆる陰謀や策略が張り巡らされたにもかかわらず、地元住民をはじめとする一貫した反対の世論と行動で、彼らは未だ一本の杭さえ打てずにいる。昨年、地元名護市に「海にも陸にも基地は造らせない」という公約を堅持する稲嶺市長が誕生し、県内移設に反対する圧倒的な県民世論が、条件付受け入れ派だった仲井眞知事を「県外移設」派に変えた。「辺野古移設への理解」を求めて来沖した菅首相（昨年12月）、北澤防衛大臣（今年5月）は、いずれも県民の激しい抗議にさらされた。どう逆立ちしても、知事が言うように「辺野古移設は不可能」なのだ。6月末に退任する米国防長官、退任表明した菅政権の閣僚による、沖縄県民の意思を無視した頭越しの「合意」茶番劇は、県民のみならず世界の冷笑の的でしかない。

2プラス2の開催とちょうど同時刻（現地時間では同日午前）、名護市でヘリ基地反対協議会が開いた

「辺野古移設問題と米軍再編」緊急学習会において、「アメリカでいま何が起こっているか」と題して講演した佐藤学・沖縄国際大学教授（政治学）は、「今回の2プラス2の合意は、何が決定されたとしても全く意味がない」と断言した。

「いま、とはどういう時期か。米国議会の中で辺野古移設やグアム移転に対して強い懐疑論が出てきており、グアム移転協定やパッケージ論は実質的には破棄されたと見てよい」「抑止力についても、沖縄でなくても太平洋地域のどこに置いても変わらないというのが彼らの考えだ。米国の外交政策の最重要で喫緊の課題は中東情勢。対中国については、経済的にお互いなくてはならない関係なので軍事バランスが必要。そのためには沖縄は近すぎる。日本は沖縄を差し出すことによって米国に追随していこうとしているが、米国にとって沖縄の重要性は下がってきている」。

米上院軍事委員会のレヴィン委員長（民主党）、軍に強い影響力を持つジョン・マケイン委員（ベトナム戦争の英雄で、08年大統領選挙の共和党候補者）およびウェブ外交委員会東アジア太平洋小委員会委員長（海兵隊出身で海軍長官を務めた）の三上院議員が5月に出した声明は、「普天間基地は閉鎖・返還する。辺野古移設は非現実的。嘉手納基地に統合すべき」という内容だ。「米国と日本では政治のしくみが違う。日本政府は故意に米国議会の権限を小さく見せようとしているが、議会と大統領はそれぞれ独立の存在で、議会の決定がなければ大統領はお金を使えない。米国議会の動きを見ていく必要がある」と、佐藤さんは指摘した。

私たち県民が求めているのは、（嘉手納基地統合を含め）県内移設なしの普天間基地返還だ。佐藤さんは、いま沖縄がすべきこととして「県内移設反対を貫く、嘉手納統合に反対する、普天間返還要求を強化する、新たな基地建設提案を潰す、日本政府のあり方を批判する」ことをあげた。「自民党・民主党を含め、米国に逆らえば潰される、という組織的恐怖を持っている。外交・軍事を米国に依存し、その弊害や都合の悪い部分は沖縄に押し込めることで逃げ道をはかってきた」。

彼が言うように、問題解決の「最大の障害は日本政府と（圧倒的に無関心な）日本社会」であり、それを助長しているマスメディアだ。

## アジアで初開催された「占領下における対話」 2011年8月8日記

8月6〜8日、国際会議「占領下における対話（DUO）」が沖縄国際大学と沖縄キリスト教学院大学を会場に開催された。DUOは環太平洋、東アジアをはじめ植民地状態および占領下にある地域の情報・実態を共有し、その抵抗の歴史を学びあい、解決の道を探ることを目的とする、市民に開かれた国際的・学際的会議。五回目の今回はアジアで初めての開催地として沖縄が選ばれ、グアム、ディエゴ・ガルシア、韓国済州島、沖縄の経験を共有した。

あいにくの台風襲来（今年は例年に比べても台風が多く、それもなぜか、いつも週末に来る）で開催が危ぶまれたが、予定されていたフィールドワークが中止になったり、プログラムの組み替えがありつつも、開催できたことを喜びたい。私は残念ながら三日間のうち一日足らずしか参加できなかったが、それでも大きな刺激と示唆をもらった。私が参加した7日の会議を、ほんの一部だが紹介したい。

まず、私がいちばん聞きたかった緊急レポート「韓国済州島の危機」は、日本や沖縄でも報道されていない現在進行中の海軍基地建設工事と住民の抵抗の最新状況をパク・チョン・キョンス（駐韓米軍犯罪根絶運動本部事務局長）、沖韓民衆連帯の高橋年男、済州島を取材したディヴィッド・ヴァイン（アメリカン大学教授）の各氏が報告した。

ユネスコの生物圏保存地域、文化財保護区に指定されている同島カンジョン村に、米イージス艦の母港となる海軍基地を建設する計画に対し、２００７年の住民投票で94％の村民が反対したにもかかわらず韓国政府は事業を強行。今年3月から本格化した建設工事で多数の連行者を出している。5月には市民活動家四名、住民八名が逮捕され、市民活動家のチェ・ソンヒさんはまだ獄中にいるという。7月には村長の連行、戦闘警察の配置と続き、住民は互いに鎖で体を結んで村を守っている。共同体と自然環境を破壊し、東北アジアに軍事的緊張をもたらす海軍基地建設反対に全国的な支援体制も生まれ、前日の8月6日には、計画の白紙化を求める全国市民行動が取り組まれた。

「済州島は、風土も歴史も沖縄に似ている」と聞いてはいたが、かつては（沖縄と同様）韓国とは別の独立国だったことを初めて知った。国家権力による差別や虐殺の歴史など沖縄と共通の経験も多い。今回の海軍基地計画に関しても、海軍側が住民七〇名の座り込みを業務妨害として仮処分申請したり、住民一四名に対する工事中断への損害賠償訴訟など、高江の座り込みに対する防衛省のスラップ訴訟を彷彿させる。これをきっかけに、済州島と沖縄との今後の連帯を期待したい。

また、米国海兵隊の沖縄からの移駐先とされるグアムの先住民族チャモロの若き弁護士＝リーヴィン・カマチョ氏は「良き隣人はフェンスの向こうに」と題して講演。グアムの占領の歴史（スペイン↓

米国→日本→米国）と現在の社会経済状況について語った。

グアムの面積は沖縄の約半分。人口一八万人のうち39％がチャモロで、フィリピーノ26％、それ以外のパシフィック11％、白人６％の割合だという。「自治体として認可されていない領土で、米国議会の管理下にあり、チャモロには基本的人権は与えられているものの、その内容は米国議会の決定による。つまり、米国議会に絶対権を握られており、裁判権はない」と聞いても、にわかには理解しがたいが、とにかく沖縄県民よりさらに理不尽な状況に置かれていることだけはわかる。そんな中での（首都ワシントンＤＣの利権による）軍事施設の増強はグアム社会に「重大な悪影響」を与えるとカマチョ氏は指摘した。「グアムには既に米海軍・空軍・海兵隊の基地があり、それは北部の三分の一を占めている。チャモロの先祖の墓地がある大事な場所も基地に取られてしまった。国防省は絶滅危惧種の生息地である広大な森林やサンゴ礁を破壊し、自然に祈りを捧げるチャモロ文化をないがしろにしている。基地の移転による人口の増加や外国人労働者の大量流入は、学校や病院の過密、教師や医師不足を生み、グアム市民が得るものは何もない。国防省は『フェンスがあれば良き隣人関係が保てる』と言うが、フェンスを建てる前に、何をフェンスで囲み、何をフェンスで守るのか、と問いたい」と彼は述べ、「グアム再編は認めがたい」と結論づけた。

私は以前から、沖縄側が「グアム移転」を要求することにはどうしても納得できない思いを抱いていたが、日本の中の沖縄以上に、グアムのチャモロの人々が米国内で差別され、市民権も与えられていないことを知り、グアムに押しつけるべきではないという思いをいっそう強くした。

## 「普天間の空・大地はわたしたちのもの!」　2011年8月12日記

8月10日、宜野湾市の普天間基地周辺で「普天間の空・普天間の大地はわたしたちのもの！　風船あげよう」行動が行われた。

1996年の普天間基地返還合意から一五年経ってもまだ宜野湾市民・沖縄県民のもとに戻ってこない普天間基地は、日常的に市民の頭上に爆音を轟かせ、命と生活を脅かしている。2004年8月13日、普天間基地所属の米軍ヘリが隣接する沖縄国際大学の校舎に激突・炎上した事件は未だ記憶に生々しい。そのうえ米軍は来年、悪名高い欠陥機・MV22オスプレイを普天間基地に配備する予定だ。こんなものが沖縄の空を飛び回ることを考えるだけで恐ろしい。

「わたしたちの命を危険にさらすな！」「この空や大地はわたしたちのものだ！」「基地は県外へ！」を意思表示するために風船をあげよう、という「カマドゥ小たちの集い」（宜野湾市周辺の女性たちのグループ）の呼びかけに、私たち「ヘリ基地いらない二見以北十区の会」は、普天間基地の移設先とされる名護市東海岸の住民として、「名護にも普天間にも基地はいらない」ことを示す共同行動として取り組んだ。普天間爆音訴訟団もこれに賛同し、沖縄平和市民連絡会のメンバーらも参加した。

午前9時から午後3時まで、市内九ヵ所（公園などの公共用地五ヵ所、個人宅四ヵ所）からあげられた色とりどりの風船が、青い空と台風一過の緑に映えて美しい。「基地さえなければ宜野湾はほんとうに美しい町なのに……」とカマドゥのメンバーが慨嘆するように言った。

風船の間を飛ぶ軍用機。どっちが危険？（宜野湾市嘉数高台にて）

私たちが風船をあげた場所は、普天間基地を一望に見下ろす嘉数高台公園の展望台。風船行動のあいだ、米軍がヘリを飛ばすことができなかったのは大きな成果だったが、しかし、KC130空中給油機は、風船の間を縫うように低空でのタッチ・アンド・ゴーを繰り返し、爆音を撒き散らしていた。

沖縄県警や宜野湾市の公園管理課の職員が「危険なので（風船を）降ろしてください」と何度もやって来た。「危険なのは風船ではなく、米軍機です。飛行機を飛ばさないよう、米軍に言ってください。こんなに密集した住宅地の上を飛ぶのは航空法違反、国際法違反です」とみんなで反論すると、宜野湾市の職員は「皆さんと気持ちは一緒です。でも職務なので……」と声を落とした。なんだか気の毒になった。安里猛市長を先頭に、宜野湾市は普天間基地の一日も早い返還を要求しているけれど、少数与党のため、このような行動を表だって支持できない事情があるのだろう。

終わったあと、「またやれるといいね」と、私はカマドゥのメンバーに気軽に言ったのだが、実は風船一個で四千円かかると聞いて（今回は宜野湾の人たちが全部準備してくれた）、あわてて「カンパを集めないといけないね」と付け加えた。ヘリウムガスを入れた大きな風船に、一番大きな釣りのテグスを付けて上げるのだが、50メートル上空まではそのまま上げられる。50メートル以上になると紅白の印をつけないといけないとのこと。これを取り締まる法律はないらしいので、やったら効果は大きい。カマドゥや爆音訴訟団が最初に風船行動をやった4月12日には、突然だったので、米軍は打つ手がなく、あたふたしたようだ。今回は、前もって記者会見して予告したので、警察や宜野湾市に手を回したのだろう。しかし、それは勧告やお願いだけであって、法的にできることはない。沖縄中の空に風船が上がって、米軍機が一機も飛べなくなることを想像したら楽しくなる。

以下は、この風船行動に先だって行われた記者会見の際に、私たち十区の会が出した声明文である。

---

普天間の空・大地を取り戻す行動に名護市民として参加します

私たち「ヘリ基地いらない二見以北十区の会」は、日米両政府が普天間飛行場代替施設＝辺野古新基地の建設を計画している名護市東海岸・二見以北十区の住民で構成する住民団体です。１９９７年10月に結成以来一四年間、地域と子どもたちの未来を奪う基地建設に地元住民として反対の活動を続けてきました。

97年12月に行われた名護市民投票で私たちは、日本政府による権力と金力を使ったあらゆる妨害・圧力をもはねのけて「基地ノー」の市民意思を内外に発信しました。そのときに私たち名護市民・地域住民を支えてくれたのが、「カマドゥ小たちの集い」の勇気ある行動でした。

彼女たちは、戦後この方、自分たちが受け続けてきた耐え難いほどの爆音・騒音や、墜落などの事件・事故の恐怖を、同じ沖縄の名護市民に味わってほしくないという一心で名護に駆けつけてくれました。「カマドゥ」の女性たちと「十区の会」の女性たちがペアになって市内各戸を訪ね、普天間基地の危険性を体験者として伝え、「反対してください」と訴えた行動は、名護市民投票を勝利に導く大きな力になったと私たちは確信しています。名護に移設して自分たちの苦しみを終わらせようというのではなく、狭い沖縄のどこに移しても同じ、という彼女たちの思いは多くの人々の心を揺り動かし、その後の沖縄の方向性をも示す先駆的なものだったと思います。

この一四年間、時には絶望しそうになりながらも反対の灯をともし続けてきた地域住民・市民の願いが、ついに基地建設反対を明確に打ち出す名護市政を誕生させ、圧倒的な県民世論によって沖縄県政も「県外移設」へと舵を切り、辺野古移設＝県内移設反対が全県民の意思として表明されるに至りました。

ところが日本政府は、「辺野古移設ができないなら普天間基地は固定化される」と、自分たちが「普天間基地返還」を約束しておきながら、それができないのは沖縄県民のせいだという責任転嫁、脅しをかけてきています。私たちは移設先とされた名護市民・地域住民として、これに厳しく抗議し、日米両政府が約束の期限をとっくに過ぎた普天間基地を宜野湾市民・住民に即刻返還するよう求めます。

私たち十区の会は、「普天間の空・大地はわたしたちのもの」「基地は県外へ」という「カマドゥ小たちの集い」の意思表示を支持し、次世代の子どもたちを守るための風船行動をともに行うことを表明します。

ヘリ基地いらない二見以北十区の会

## 「つくる会」系教科書に狙われた八重山

２０１１年９月15日記

８月23日、教科用図書八重山採択地区協議会（会長・玉津博克石垣市教育長）が石垣市・竹富町・与那国町の中学校公民教科書に「新しい歴史教科書をつくる会」系の育鵬社版を選定したことが、県内外に大きな波紋を広げた。協議会の答申を受けて石垣市および与那国町教委は育鵬社版を、竹富町は調査員（現場教師など）が推薦した東京書籍版を採択。沖縄県教委が、地区内同一教科書の原則に基づく解決を求める異例の事態となった。

２００７年９月29日、史上最多の一一万六千人が集まって、沖縄戦の実相を隠蔽しようとする教科書検定意見撤回を求める県民大会を行った沖縄で、よりによって戦争肯定、「愛国心」を強制する教科書が選定されたのはなぜなのか？

９月４日、那覇市の教育福祉会館で、会場に入りきれないほどの参加者（四六〇人）を集めて開かれた「八重山教科書採択問題」緊急報告集会（主催：沖縄戦の歴史歪曲を許さず、沖縄から平和教育をすすめる会）で、「子どもと教科書を考える八重山地区住民の会」の大浜敏夫さんは、教科書選定から現場教員を排除し、玉津会長の民意に反した恣意的・政治的な独断専行で協議会が行われてきた経過を生々しく報告。現職の社会科教師である沖教組八重山支部長の上原邦夫さんは「当初、教科書調査員の打診があったが、あとで、『なかったことに……』と言われてはずされた」「育鵬社版は教育勅語の精神そのもの。絶対に使いたくない」と語り、「市民がほとんど知らない教科書展示会に特定政党=宗教団体の人々が大挙して訪れた日があった。それは、米軍艦船が石垣港に強行入港し、一団の人々が『日の丸』で歓迎していた日だった」と指摘した。

前宜野湾市長の伊波洋一さんは、「沖縄県民にとって最大の課題である米軍基地について本文に一行の記述もない教科書を採択することが許されるのか。沖縄の将来にとって大きなマイナスだ」と力を込めたあと、「なぜ八重山が狙われたのか」と問いかけ、教科書問題の背景として、与那国・石垣・宮古への米艦船寄港は台湾有事に備えたものであり、辺野古新基地も含め、米国は沖縄や西日本を戦場とする中国との戦争を準備している、と述べた。

この日の集会で、育鵬社版教科書の部分コピーが資料として配られていたが、その内容にちょっと目を通しただけで、のけぞってしまった。大日本帝国憲法の賛美（それに対し、日本国憲法はGHQに押しつけられたもの、という印象を与えるように編集されている）、天皇がやたらと出てくること、家族の役割分担（男らしさ・女らしさ）、「国家としての一体感」「国民意識」の強調など、時代を一挙に引き戻す一方、「戦後の日本の平和は自衛隊と米軍の抑止力に負っている」という認識や、「北朝鮮や中国の脅威」を強調するなど、「恐ろしい」としか言えない内容だ。上原さんの「子どもたちには渡せない」という言葉が身に染みた。

育鵬社版の教科書を「八重山にふさわしい」とする人々は、領土問題が詳しく書かれているからだと言うが、「北朝鮮のテポドン」や「日本の領土である北方領土、竹島、尖閣諸島」をことさらに強調し、自衛隊の活躍を賞賛する同書は、アジアからの不信を招き、国境の島々を「(同書が言う)平和への実現」からますます遠ざけることにしかならない。

事態打開のため9月8日、三市町の教育委員一三人全員が集まり、六時間近い紛糾の末、多数決で東京書籍版を採択した。民意に沿った形で一応の決着を見たわけだが、文科省はこの採択を認めず、育鵬社版を選定した協議会の答申に基づく採択を県教委に指導したため、県内では「政治介入だ」「断じて納得できない」という強い反発の声が上がっている。

4日の集会で、すすめる会共同代表の高島伸欣さんが「八重山だけの問題ではなく、この数年来の全国の動きの集大成だ」と語ったように、未だ収束の目処の立たない大震災、原発事故の陰に隠れて、宮古・八重山への自衛隊配備を含め「戦争のできる国」へ向けて先島から包囲網を作っていこうとしているように思えてならず、危機感が募る。

# 第2章

２０１１年11月～２０１２年5月

# 沖縄はレイプの対象？

## 沖縄防衛局長発言　未明の辺野古アセス評価書提出

### 出してはいけない辺野古アセス評価書

２０１１年11月25日記

野田・民主党政権が、米軍普天間飛行場の名護市辺野古移設に向けた環境影響評価手続の最終段階であるアセス評価書を今年中に提出すると発表したことに対し、沖縄県内では反発の声が高まっている。２０１１年11月14日、沖縄県議会は提出を断念するよう求める意見書を全会一致で可決。17～18

日には政府に対する要請行動を行った。

22日には名護市で「サラバ！ 辺野古アセス――出してはいけない評価書」と題するシンポジウムが開催された。主催したのは、この一四年間、辺野古移設に反対する運動を続けてきた名護・ヘリ基地反対協議会。

「財政赤字問題と米国軍事戦略の行方」と題して基調講演した佐藤学・沖縄国際大学教授は、米国の財政危機と、その政治や軍事への影響、米国政治の現状と世界戦略の変化を解き明かし、「米国で最大の政策課題となっているのは財政赤字削減。米国保守層は、無駄な戦力を縮小し、本土防衛を重視する『内向き』で、米国内で日本やグアムの基地建設の優先性は低い。対中国についても、中国脅威論に立てば海兵隊は不適当だし、立たないなら『抑止力』論議は破綻する。いずれにしても海兵隊の前方展開の必要性は低下している」「米国は全方向的な新しい軍事バランスを求めており、沖縄に基地をまとめておくのは合理的でない」と述べた。米国に追随すれば良しとしてきた「日本政府・国民の頑迷」を批判し、「米国は辺野古を欲しているのか？」と疑問を投げかけた。

環境アセスメント学会評議員を務める桜井国俊・沖縄大学教授は、「アセス制度の二本柱である科学性と民主性」のいずれにも反している「辺野古アセスは似非アセスである」と断じ、アセス法の精神に反する違法性を詳細に論じた。「方法書以前の事前調査をはじめ、公告・縦覧の方法、明らかにされない事業内容、オスプレイ配備の後出しなど、手続も違法だらけ。評価書提出という形での違法アセス手続の完成を許してはならない」と評価書の提出拒否を訴えた。

辺野古アセスのやり直しを求める訴訟の仲西孝浩弁護士は、訴訟の現段階を報告。「原告（住民）と被告（国）が互いの言い分を述べる段階から、証拠調べに進もうとしている。2008年から今年8月まで防衛省防衛政策局長を務めた高見澤氏（SACO合意に深く関わり、オスプレイ配備を知っていたにもかかわらず隠していた）を証人申請している」と述べた。

続いて、会場を含めた意見交換が行われ、コーディネーターを務めた真喜志好一《まきしよしかず》さん（米国ジュゴン訴訟原告）が、「国が評価書を出せない状況をどう作っていくか」と提起した。佐藤教授は「名護市長・沖縄県知事の反対が米国上院軍事委員会に大きな影響を与えている」と指摘。桜井教授は「政府は、55メートル沖合に出しても良いなどと、仲井眞知事に誘い水を向けている。（県外移設という）知事の今の姿勢をしっかり支えることが重要だ」と述べた。仲西弁護士は「現行法では、評価書が出されたら県知事は拒否することができないが、運動で勝つ。裁判はその一環だ」と語った。

評価書提出は、沖縄のジュゴンと住民、日米の環境団体が米国防総省・国防長官を訴えている米国ジュゴン訴訟にも影響を与えそうだ。同訴訟原告の一人である吉川秀樹さんは「米国の裁判所は国防総省に、日本のアセスがちゃんとしているか判断しなさい、と命令している。評価書が提出されたら、ジュゴン訴訟がまた動き始めるだろう」と述べた。

仲村善幸・名護市議会議員から、名護市議会でも県議会と同様の決議に向けて動いていること、市長の訪米に向けて予算も獲得されていることが報告され、最後に参加者全員で、「防衛省に評価書を出させないプレッシャーをかけていこう」と気勢を上げた。

## 沖縄はレイプの対象？——田中・前防衛局長発言

２０１１年12月13日記

「犯す前に、これから犯しますよと言いますか？」

11月28日夜、田中聡沖縄防衛局長（当時）が県内報道陣とのオフレコの懇談会で辺野古アセス評価書の年内提出をめぐって発した一言が、同席した琉球新報社の告発で明らかになり、瞬く間に沖縄中を怒りの渦に巻き込んだ。

おそらく女性記者はいなかったであろう酒席で、男同士の馴れ合いの気安さも手伝って漏れた「本音」。沖縄戦から米軍政下、そして今日まで続く女性への性暴力を彷彿させるその発言は、女性を侮辱するだけでなく沖縄そのものをレイプの対象とみなす支配者意識を見事に表している。

沖縄の怒りの激しさに驚き、アセス評価書の年内提出に支障を来すことを危惧した野田政権は翌日、異例の速さで田中氏を更迭する早業に出たが、県民の怒りは、田中発言の背後にある、沖縄県民を対等な人間と見ない構造的な沖縄差別、日本政府の体質そのものに向けられており、「トカゲの尻尾切り」には誰も納得していない。野田首相や矢継ぎ早に来沖する政府要人が、「陳謝」する同じ口で「評価書の年内提出の方針は変わらない」と述べることを、稲嶺進名護市長は「頭を下げながら突っ込んでくる牛」に例えた。

沖縄県議会、名護市議会をはじめ県内各市町村議会は次々に抗議決議を上げつつある。そのどれもが、田中発言を沖縄への構造的差別と見なし、それに対する根深く強い怒りを表すと同時に「もはや辺野古移設（県内移設）はありえない」と評価書の提出をやめるよう求めている。

7日に那覇市で開かれた緊急女性抗議集会には三〇〇人が参加し、田中発言に抗議し辺野古新基地建設撤回を求めて一斉に赤い紙を掲げ、日本政府に「レッドカード」を突きつけた。

私たち名護・やんばるの女性も抗議の意思を表そうと、いーなぐ会（稲嶺市政を支える女性の会）有志が呼びかけて、8日、沖縄防衛局に対する抗議・要請行動を行った。三日足らずの間に一一〇人の賛同者が集まったのは、この問題に対する関心の高さを物語っている。当日は、出がけに土砂降りの雨に見舞われたが、座り込みを続ける辺野古のお年寄りを含む一三人の女性たちが、一一〇名の賛同者名を記した「怒れる女たちよりの抗議と要請」文を携えて、嘉手納にある沖縄防衛局を訪ねた。

応対したのは同局報道室の児玉・室長補佐。憤懣やるかたない女たちの厳しい指摘に、ひたすら「申し訳ありません」「上司に伝えます」を繰り返すだけの彼に、「あなた個人として、一人の人間としてどう思っているんですか?」と聞いたところ、「私は個人ではありません」との返事。組織の歯車としてはそうしか言えないのだろう。防衛局に「人間性」を求めるほうがおかしいのかもしれないけれど、一時間近くにわたって一一〇人の思いをぶつけた女たちの肉声が、せめて彼の心（を持っているとしたら、だが）のどこかに引っかかったことを願う。

12日、米国議会上下両院は、辺野古移設とセットとされる在沖米海兵隊のグアム移転関連予算を2012会計年度軍事予算から全額削除することで合意。辺野古移設はますます不可能になった。にもかかわらず野田政権は「評価書の年内提出」にあくまで固執し、米国に媚を売ることに必死になっている。知事が埋め立てに「不承認」でも地方自治法による「代執行が可能」とする閣議決定まで行い、力づくで強行する姿勢だ。彼らの「謝罪」が真っ赤な嘘であったことが証明された。今年もまた、沖縄県民に「心穏やかな正月」は望めそうにない。

なお、以下は、沖縄防衛局に手交した私たちの抗議・要請文である。

---

２０１１年12月８日

野田佳彦総理大臣　殿

一川保夫防衛大臣　殿

及川博之沖縄防衛局次長　殿

怒れる女たちよりの抗議と要請

去る11月28日に田中聡前沖縄防衛局長の口から発せられた、ここに記すもためらわれるおぞましい暴言を、私たちは決して許すことができません。それは、二七年間の米軍政下を通じて、そして日本復帰後四〇年になろうとする今日まで一貫して、日米両政府が私たち沖縄県民に対し、どのような目線で見てきたのか、どのようにふるまってきたのかという、その本質が、最も露骨で醜悪な、すなわち正直な本音として語られたものと、私たちは認識しているからです。

沖縄がこぞって反対している辺野古アセス評価書の年内提出をめざす一川防衛大臣は、それに支障を来す危機感を感じてか、間髪を入れず田中氏を更迭する早業を見せましたが、ことは田中氏個人の問題ではなく、また任命権者としての防衛大臣にとどまるものでもなく、野田民主党政権そのものの責任を鋭く問うていることを総理は認識すべきです。

普天間移設計画が名護市に押しつけられて一五年。那覇防衛施設局（当時）のさまざまな圧力・妨害を受けながらも、1997年の名護市民投票で、きっぱりと「基地ノー」を示した市民意思を真っ向から踏みにじったのを皮切りに、どんなに声を上げても地元住民・市民・県民の意思は無視され、足蹴にされてきました。権力と金力を振りかざし「アメとムチ」を使い分ける政府の手口によって翻弄され、地域コミュニティも健全な経済発展も破壊され、名護市民はその中で一五年もの長きにわたって呻吟してきました。

それは、辺野古移設と一体をなす東村高江へのヘリパッド（オスプレイパッド）建設についても同様であり、自民党政権から民主党政権への政権交代ののちも、変わるどころか、いっそう拍車がかかっています。

今回の田中発言はそのような背景から出てきたものであり、田中氏はそれ以前に「（高江の住民が）なぜ反対するのか理解できない」とも述べています。それらは、相手の立場に立ち、相手の意思を尊重する対等な関係であるなら出るはずのないものであることは明らかです。そして、国民の血税を使って次々に「陳謝」に訪れる政府高官が「評価書提出の方針は変わらない」と述べるのは、頭を下げつつ刃物をつきつけているのと同様、沖縄をますます愚弄し脅すものであるとしか思えません。

いったい沖縄県民は日本国民ではないのですか？　人権を踏みにじられ、陵辱されてもかまわない存在なのですか？　もし、そうではないと野田政権が言うのであれば、その証拠を見せてください。次のことを実現して頂いて初めて、私たちはあなた方の「謝罪」が嘘でないことを認めます。

1、田中前局長の辞職と一川防衛大臣の辞任、および野田総理大臣の責任を明らかにすること
2、辺野古アセス評価書の提出を止め、辺野古移設・高江ヘリパッド計画を断念すること

「田中聡前沖縄防衛局長発言に怒っている名護・やんばるの女たち」（賛同者名：略　一一〇人）

## 未明の「奇襲」、評価書「置き去り」　２０１１年12月29日記

わが耳を疑った。12月28日朝6時過ぎ、ラジオのスイッチを入れたとたんに流れたＮＨＫニュース。「今朝4時過ぎ、ワゴン車に分乗した沖縄防衛局の職員が、沖縄県庁の通用口から守衛室に環境影響評価書の入った段ボール箱を搬入しました。……」

「まさかや、ありえん！」「県民、総引き……」「こんな大人にはなるな、って言いたい」――この日の民放ラジオの音楽リクエスト番組で司会者が語っていた言葉が、おおかたの県民の気持ちを代弁している。

米国に「辺野古移設計画が進行している」というポーズを示すためだけの「アセス評価書年内提出」に野田政権はあくまで固執し、年内最終週明けの26日に提出予定と報道されていた。その前週末24日の閣議で、日本政府は２０１２年度の内閣府沖縄振興予算を、県の要求のほとんど満額に近い二九三七億円（１１年度比27・６％増。うち１５７５億円が一括交付金）と決定。「東日本大震災の被災地復興、原発事故対応が最優先とされ、各省庁の予算が減額される中、大幅増は異例だ」「県への評価書提出を控える中、辺野古移設へ向け沖縄側の理解を得たい政府の『配慮』が色濃い予算となった」（25日付『琉球新報』）。

12月に入って政府や民主党幹部と密室協議を重ねてきた仲井眞弘多知事が「評価書の受け取りは法令上、拒否できない」との見解を示したことで、予算と引き替えに辺野古移設を受け入れるシナリオが政府との間に作られているのではないかという疑念が生まれた。県内マスコミは慎重だったが、本土マスコミの一部は早々と「県知事が移設容認へ」と報道した（それは彼らの「願望」でもあるのだろうか?.）。

私たち「稲嶺市政を支える女性の会（いーなぐ会）」は25日夜に緊急会議を開き、26日の始業前に「辺野古アセス評価書『拒否』の意思表示をしてください」という、会としての要請文を知事宛に送った。法的に評価書を拒否することができないとしても、黙ってそれを受け取ることと、「拒否」の意思表示をしてもなおかつ政府が押しつけた、ということとは大きく異なる。知事は県民を代表する立場として、「拒否」の意思表示をして欲しい。それは、日本政府および米国政府に沖縄の意思をはっきりと示すことであり、「知事は予算と引き替えに辺野古移設容認に向かっている」などという悪質な風評を払拭することでもある、と訴えた。

「基地の県内移設に反対する県民会議」は26日から仕事納めの28日まで、連日の県庁における評価書提出阻止行動を呼びかけた。始業前の朝8時（集合は7時半）から午後5時15分の終業時まで、評価書が県庁に運び込まれないよう監視し、提出をさせないことが目的だ。年末の忙しい時期にもかかわらず、連日、市民団体や労働団体三〇〇人余が参加。県議団や沖縄選出の国会議員らも見事な働きぶりを見せてくれた。

26日、県庁の周囲では、赤い紙に「怒」の字を掲げた県民が立ち並び、各入口や庁内の担当課前に監視が立つ状況の中で、沖縄防衛局は「阻止行動のため県に直接届けることを断念し、郵送した」と発表。市民らは、この日の提出を阻止できたことを確認するとともに「郵送は姑息な手段」と抗議の声を上げた。

私は、（郵送したと言われる評価書が届く予定の）27日、阻止行動に参加した。朝7時、いーなぐ会や辺野古テント村の仲間たちと一緒に辺野古を出発、8時過ぎに県庁に着いたときには既に、郵便物や荷物の搬入口二ヵ所（市民団体と労働団体がそれぞれを担当）と地下駐車場入口での監視行動が始まっていた。国会議員の山内徳信さん、照屋寛徳さんがマイクを握り檄を飛ばしていて心強い（あとで糸数慶子さんも見えていた）。

郵便車や荷物の運搬車が来るたびに道路からの入口で停車してもらって、荷物を確かめる。「郵送した」というのが本当かどうか、みんな疑っていた。一部が七千頁もある評価書を二〇部（法令で決められている）、郵便局に預けてしまえば防衛局の手の内から離れてしまうし、防衛局がとんでもない「嘘つき」であることを、彼らのこれまでの言動から県民は知っている。この日、県庁に納品する業者はさぞかし迷惑だったことだろうが、評価書提出のことが大きく報道されているためか、割と協力的だった。

午前11時過ぎに入ってきた民間運送会社の車両に、段ボール箱が積んであるのが窓越しに見えた。はっきりは数えられないが二〇くらいはありそうだ。「評価書じゃないか」という声が上がり、みんながどっと車両の回りに集まった。監視行動の市民団体責任者である沖縄平和市民連絡会の城間勝《しろままさる》さんが「どこからの荷物ですか」と尋ねた。車両に書いてある社名とは別の会社のネームを着けた助手席の男性（この会社が沖縄防衛局からの元請けで、車両はその下請け会社のものと、後に判明）が「防衛局から」と答えたので、「中身は評価書ですか」と聞くと「答えられない」とのこと。段ボール箱には宛先も発送元も何も書かれていない。

騒ぎに恐れをなしたのか、車はすぐに引き返したが、一五～二〇分後くらいに再度入ってきた。防衛局に、届けるよう命令されたのだろう。案の定、郵便局ではなく、自分たちが意のままに動かせる民間業者を使ったのだ。再び、みんなが車を取り囲む。道路からの入口に停まっていると他の車の通行を妨げるので、もう少し中に入るよう促しても「ここにいろと言われている」とエンジンを切った。「防衛局に持ち帰ってください」とみんなでお願いしても動こうとしない。二〇分以上押し問答が続き、県議団が県の管財課長を呼んできた。課長は業者の携帯電話を借りて沖縄防衛局に電話し、荷物が評価書であることを確認、「危険な状況なので局に戻してもらいたい」と要望した。

12時半頃、車は評価書を積んだまま県庁の外へ出て行き、拍手が起こった。しばらくして、業者の車が自社の駐車場（那覇市。県庁から近い）に停まっているとの情報が入り、また戻ってくるかもしれない、あるいは別の会社の車で来るかもしれないと警戒を続けたが、そのまま閉庁時刻まで戻ってくることはなかった。ウチナーンチュ同士が敵対させられて、業者もこりごりだったろう。

閉庁時刻が過ぎると、市民団体、労働団体とも県民ひろば（県庁前広場）に移動し、県議団を先頭に「今日も阻止できた」「あと一日がんばろう！」と拳を上げた。県議団から、この日、自民・公明を含む県議会の与野党全会派の代表が集まって、評価書提出に対する「抗議声明」を発表したことが報告され、大きな拍手を浴びた。同声明は、11月14日、県民を代表する県議会が評価書の提出断念を求める意見書を全会一致で可決したにもかかわらず、政府がそれを一顧だにせず「姑息な手段」で強行してきたことを「きわめて不誠実」「断じて許せるものではない」と厳しく抗議し、「県内移設断念」を求めている。

（12月19日、大田昌秀元知事や現職時代には基地容認であった稲嶺恵一前知事を含む県内有識者一九人が、11月の県議会意見書に賛同する共同アピールを発表し、広く支持・賛同を呼びかけたことも付け加えておきたい。）

「あと一日で評価書年内提出を止められる」と思って床についた県民がまだぐっすり眠っている28日未明、泥棒よろしく通用口からこっそり評価書を運び込もうとする防衛局の動きに気づいたのは、万が一に備えて通用口の近くに停めた車の中で仮眠していた沖縄平和運動センター事務局長の山城博治《やましろひろじ》さん。飛び出していって見たのは、段ボール箱を一つずつ抱えた二〇人ほどの防衛局職員と、それを指揮する真部朗《まなべあきら》局長の姿だった。沖縄差別発言で更迭された田中前局長に代わって異例の再任となったばかりの彼は、前任時代、高江で夜間や早朝の「奇襲」を繰り返し行った常習犯だ。ついこの間まで、高江に泊まり込んで座り込みを続けていた山城さんの「またしても……」の怒りは、いかばかりだったろう。

「なんてことをするんだ、やめろ！」と叫んで止めようとしたが多勢に無勢、一六箱は守衛室に運び込まれてしまった。急を聞いて駆けつけた人々が集まり、評価書が担当課に運ばれ「受理」されないよう、守衛室前に座り込んだ。

私は家でやきもきしながら、現場にいる人からの連絡、電子メール、テレビやラジオのニュースなどの情報で事態を見守った。この日は、全国版も含め、どこでもこのことがトップニュース。沖縄地元二紙は号外を出し、防衛局の悪事、醜態は瞬く間に全県、全国に知れ渡った。冒頭で触れたように、地元民放のリクエスト番組までこの話題でもちきり。

「奇襲攻撃」「闇討ち」「だまし討ち」「汚い暴挙」「姑息」「卑怯」「卑劣」「恥知らず」……、ありとあらゆる悪罵と嘲笑の言葉が飛び交った。29日付『琉球新報』は「出し逃げ」と表現した。それらを投げつけてられて当然の行為を「国」がやったのだ！　稲嶺進名護市長は「あきれてものが言えない」と切り捨て、「私は海にも陸にも基地は造らせないと言っている。名護市にとっては評価書自体が意味はない」と断言した。

「合意形成のツール」であるはずの環境影響評価法の精神を「国」自らが、真っ向から踏みにじった未明の暴挙。そうやって出してきた評価書は、思った通りと言おうか、「（基地建設が）環境に対する影響は、環境保全上、特段の支障はない」と結論づけているが、アセス専門家らは「日本のアセス史上最悪のもの」「アセス制度を破壊するもの」と手厳しく批判している。

にもかかわらず「評価書は受理する」とした沖縄県と知事に対し、納得できない県民らは県庁内での座り込みを続けた。仲井眞知事が出てきて直接対話を行い、「評価書は事務的に処理せざるを得ないが、（公約である）県外移設を貫く」と約束し、また、担当部長が「評価書は全部届いておらず、受理できる段階にない。年明けの3日まで（守衛室に置いてある）評価書は移動させない」との意向を示したので、夜の8時過ぎ、ようやく座り込みを解いた。半日以上に及ぶ行動で「くたくたになった」と、参加した友人は語った。

仲井眞知事と沖縄県に「評価書（受け取り）拒否」をさせることはできなかったけれど、80％の勝利とは言えると思う。市民団体や労働団体などの県民、県議団をはじめ国会議員、市町村議員などがそれぞれの役割をきっちりと担い（県当局との連絡、知事への要請などはもちろん、搬入された評価書が移動させられないようピケを張るなど、阻止行動にも議員たちが体を張ってくれ、頼もしかった）、県の職員や知事をも動かした。その総合力が、沖縄防衛局の目論見を見事に打ち砕き、彼らの恥知らずな醜さ、「あほさ」加減を白日の下にさらし、結果的に「辺野古移設はますます不可能になった」からである。米国政府や議会もそれを見ているに違いない。

それにしても、年末のたびにこんな思いをしなければならないことが、本当に腹立たしい。正月休み中に「ほとぼりが冷めるのを待つ」ためか、この一四年、「悪事」はいつも年末に行われてきた。1997年、名護市民投票を裏切って比嘉鉄也市長（当時）が基地を受け入れた（12月24日）のも、99

年に岸本建男市長（当時）が辺野古への基地建設受け入れを表明（12月27日）し、翌日に閣議決定が行われたのも、みんな年末。そして、比嘉市長の引責辞任に伴う出直し名護市長選挙が98年1月に行われたため、以降、四年ごとに名護市には暮れも正月もなくなった。

大震災、原発事故で、これまでの人間の文明、価値観が根底から揺さぶられ、問い直された2011年。沖縄にとっては年末ぎりぎりまで日本政府の沖縄差別政策と対峙させられた年だった（個人的には体調不良に悩まされた一年だった）。来年こそは心穏やかに年を越せる一年になることを心から願っている。

［追記］

仕事納めの28日でひとまず攻防は小休止、と思いきや、「年内提出」をなんとしてもあきらめきれない防衛局は、29日以降も、隙あらば残りの評価書を運び込もうと県庁周辺をうろうろしているという情報が飛び交った。口コミやインターネットでそれを知った県民らが自主的に、県庁守衛室前に集まり、交替で監視のための座り込みを始めた。沖縄も年末年始は冷え込んだ。私は、九五歳の父が入院しているため帰省した実家から、県庁舎の冷たい廊下で年越しを余儀なくされた人々に思いを馳せた。

1月5日付『琉球新報』によれば、県民らの二四時間監視行動は4日朝まで続けられ、同日午前11時過ぎ、県民や県議団、報道陣が見守る中で、年末に搬入された段ボール箱が開封、確認された。県民らは「全てそろっていない段階で受理すべきではない」と訴えたが、県側は早期の受理を主張。県民への情報公開と意見を反映させる場を設けることを条件に、不満ながら受理を容認、監視行動を解除したという。

年明けの1月5日、防衛局は残りの八部を県庁に運び込んだが、県生活環境部が確認したところ、二四部すべてに書類の欠落（方法書に対する住民意見と知事意見および、これに対する事業者側の見解。各九二頁）が見つかり受理要件を満たさないことが発覚。翌6日に欠落分が提出され、県は「受理完了」としたものの、書類が全てそろった1月6日でなく搬入開始の12月28日付で受理するなど、防衛局に押しまくられた観のある県の弱腰姿勢に批判の声も少なくない。飛行場事業部分については評価書提出から四五日以内、埋め立て事業部分については九〇日以内に知事意見を出すことになっているが、12月28日と1月6日では県の審査期間に九日もの違いが出るからだ。

1月8日の『沖縄タイムス』『琉球新報』両紙は三分冊（他に資料編や要約書など）にわたる評価書の内容を特集して紹介した。準備書でも方法書でも書かれていなかったオスプレイの配備や、辺野古海域の藻場をジュゴンが利用していることなどを評価書では認めざるをえなかったものの、すべて「特段の支障はない」と結論づけており、「事業推進ありきの〝アワセメント〟そのもの」（『琉球新報』）だ。住民意見の言えない評価書で出してきたことも含め、「科学性と民主性」というアセス法の二本柱のいずれにも反している。

仲井眞知事は、評価書への知事意見に公約である「県外移設」を反映させる考えを示しているが、その姿勢を堅持させると同時に、政府による強権発動（埋め立て）をさせない世論作りに向けて、今年も息の抜けない日々が続きそうだ。

## いーなぐ会、奮闘　２０１２年１月26日記

私が事務局長を務めている「いーなぐ会（稲嶺市政を支える女性の会）」では昨年来、仲井眞弘多・沖縄県知事の「県外移設」の姿勢が揺らがないよう、知事の「激励」行動をやろうという話が出ていた。年末、全県民がのけぞるような非常識なやり方で届けられた辺野古アセス評価書を沖縄県が受理してしまったこともあって、「知事は信用できない。応援する気になれない」という意見もあったが、だからこそ、彼が「こけないように」県民が、特に名護の女たちがしっかり見張っているよ、ということを示す必要がある。

この評価書に関して沖縄県環境影響評価審査会が1月中に審査を行い、その答申を受けて知事は、飛行場建設事業部分については2月20日までに、埋め立て事業部分については3月27日までに知事意見を出すことになっている。そんな状況の中で、私たちは1月中旬に知事要請に赴くことにした。

知事に会いたいという私たちの希望は「市民団体の要請を受けるのは基地防災統括監の担当。一団体だけ特別扱いは無理」とのことで容れられず、日程調整の結果、1月26日（木）午前11時半から担当監に会うことになった。

同日、いーなぐ会メンバー一〇人は、同行する玉城義和・沖縄県議会副議長とともに朝9時半に名

護を出発。知事宛て要請文を携えて沖縄県庁を訪ねた。基地対策課会議室で當銘《とうめ》健一郎・基地防災統括監と面談（伊集《いじゅ》直哉・基地対策課長も同席）し、宮城幸・共同代表が要請文を読み上げ、手交した。當銘統括監は「要請は知事にしっかり届ける」と述べたあと、県の姿勢について、「自民党から民主党に政権交代後、県内の状況は一変した。名護市、名護市議会、県議会をはじめ県内全市町村が県外移設で一致している。県の姿勢も一昨年9月28日以降、県外移設で一貫しており、ゆらぎはない。今後は、これまで以上にしっかりと訴えていく」「評価書については厳しい知事意見を申し上げることに尽力したい」と説明した。

参加者はそれぞれ、「辺野古移設は時間がかかる、ではなく、はっきり反対と言って欲しい」「日本政府は沖縄を侮辱している。基地があっては平和は望めない」「ジュゴンの棲む海を子どもたちに残したい」「名護の一五年は長く、暗かったが、稲嶺市政になって変わった。この希望を潰さないで欲しい」「解決を望みながら亡くなった辺野古のお年寄りも少なくない。生きている方がいる間に解決したい」など知事に伝えたいことを発言し、「知事はぶれないで『ノー』を貫いて欲しい」と締めくくった。

当日届けた要請文は以下の通りである。

---

沖縄県知事・仲井眞弘多さま

いーなぐ会（稲嶺市政を支える女性の会）
（共同代表：宮城　幸／宮城玲子／玉城むつ子）

## 私たちの暮らしと子や孫の未来を守って下さい
### ――普天間「県外移設」の堅持を強く支持します――

県民のために日夜ご奮闘頂いていることに、心より敬意を表します。

私たち名護市民は、一五年の長きにわたって普天間基地の辺野古移設問題に翻弄され、苦しめられてきました。１９９７年の市民投票において、政府によるさまざまな圧力や妨害をもはねのけ、心血を注いで示した「基地ノー」の市民意思が踏みにじられて以降、地元住民や市民がどんなに声を上げても届かない、民意と行政とのねじれが続き、暮らしや地域共同体が破壊され、経済がゆがめられて行く中で、ようやく誕生した稲嶺市政に、私たちは希望と勇気を取り戻すことができました。「陸にも海にも基地は造らせない」「市民の目線でまちづくり」をめざす稲嶺市政を内から支えるのは私たち名護市民ですが、それを外から大きく支えて頂いているのが、「県外移設」の公約を貫く仲井眞県政であり、私たちはそれにとても勇気づけられています。

昨年末、政府・沖縄防衛局は「未明の奇襲」「闇討ち」と形容されるようなやり方で、辺野古アセス評価書を沖縄県に提出し、これに対する県民の怒りが渦巻きました。評価書提出に先立って、私たちは、県民を代表する知事である貴方が、評価書「拒否」の意思表示をしてくださるようお願いしました。結果的に沖縄県は評価書を「受理」しましたが、その際、貴方が「県外移設の公約を評価書への知事意見に反映させる」考えを示されたことをたいへん心強く思いました。

県知事を先頭に県民の総意がこれほどはっきりと示されているにもかかわらず、米国のために県民を犠牲にしようとする野田政権は、それを強引に押し切る姿勢を見せています。私たちは何か贅沢なものを求めているのではありません。私たちが求めているのは、静かで心安らかな暮らしを壊して欲しくない、先祖代々、私たちを育んでくれた自然と平和な暮らしを子や孫たちに残したいという、ごくごくささやかで当たり前の願いにすぎません。なぜ、それがこんなにも難しいのか、国が総力を挙げて潰そうとするのか、私たちには理解できないのです。

そんな私たちにとって、貴方がきっぱりと「県外移設」の公約を貫き、埋め立て申請を受け入れない姿勢を示してくださっていることは大きな希望です。日本政府はありとあらゆる策を講じて沖縄の「理解」を得ようとしてくると思いますが、どうかこの先もしっかりと現在の姿勢を貫いて下さり、県民である私たちの暮らしと、私たちの子や孫の未来を守って下さいますよう、心よりお願い申し上げます。

## 辺野古アセス違法確認裁判で集中審理

２０１２年２月３日記

地元住民や県内外の原告六二二人が、辺野古アセスは違法であるとして、やり直し（違法確認）と損害賠償を求めた裁判の集中審理が1月11、12、13日及び2月1、2日の五日間、那覇地方裁判所で行われた。２００９年８月の提訴から二年半が過ぎ、裁判はいよいよ大詰めに来ている。被告の政府・防衛省は、訴えの却下＝「門前払い」を求めていたが、酒井良介裁判長はそれを退け、現場調査も含む積極的で丁寧な実質審理を行ってきた。

原告側の証人申請に応えた今回の集中審理では、アセスや法律の専門家、ジュゴンやサンゴの専門家、原告など合計一三人が法廷に立ち、それぞれ三〇分～一時間の持ち時間で証言。裁判長や裁判官はパワーポイントを使った説明に熱心に聞き入り、各証人や原告に対する質問にも熱意が感じられた。

1月11日には桜井国俊・沖縄大学教授（アセスの専門家）、花輪伸一さん（世界自然保護基金＝WWFジャパン）、12日には安部真理子さん（日本自然保護協会／サンゴの専門家）、真喜志好一さん（原告／オスプレイについて）、山内繁雄さん（宜野湾市基地政策部長／普天間基地の実態について）、安次富浩さん（原告団長）、13日には粕谷俊雄さん（ジュゴン・鯨類の専門家）、細川太郎さん（ジュゴンネットワーク沖縄）、2月1日には山田健吾・広島修道大学教授（法律学）、東恩納琢磨さん（原告）、渡具知《とぐち》智佳子さん（原告）、大西照雄さん（原告）がそれぞれ証言。2日には、再び桜井教授と花輪さんが、評価書についての見解を証言した（提訴時は、準備書までの手続についての裁判だったため、評価書は対象になっていないが、酒井裁判長は新しく出された評価書に対する証言も求めた）。

1月13日夜、那覇市教育福祉会館で行われた辺野古アセス違法確認裁判報告集会において、弁護団事務局長の金高望弁護士は「辺野古アセスは違法との判決を勝ち取り、アセスは認められないという知事意見を出させることによって、政府に公有水面埋め立て承認申請をさせないたたかいを作っていこう！」と檄を飛ばした。

この日までに法廷で証言を行った証人や原告が証言要旨を報告。桜井教授は「（日本が作って米国が使う）米軍基地建設にアセス法を適用することがそもそも無理だ」と指摘。粕谷さんはジュゴンについて、「現在の少ない頭数では、放っておくと絶滅する。準備書には事業者と市民が、ここまでなら許容できるという合意がなく、許容レベルが決まっていない（ゴールがない）ことが問題。あるべき許容レベルとは、生息頭数をもっと安全なレベルまで増やすこと、増えた段階で安全に生きられる環境を残すこと、それを元に決めるべきだ。今、使われていないからといって（餌場の）破壊を許すと将来に禍根を残す」と述べた。

2月1日、証言台に立った東恩納琢磨さん（沖縄ジュゴンアセスメント監視団団長／ヘリ基地いらない二見以北十区の会／名護市議／米国ジュゴン訴訟原告）、渡具知智佳子さん（ヘリ基地いらない二見以北十区の会共同代表）は地元住民として、地域の実情や、基地反対に立ち上がった理由と一五年間の紆余曲折、思いを語り、傍聴者の胸を打った。地元・瀬嵩《せだけ》に生まれ育った東恩納さんは「基地を造れば、自然環境を享受する権利、騒音にさらされない生活の権利が奪われ、経済的にも精神的にも選択が失われる。被害が起こってからでは遅い。被害を起こさない、自然環境が壊されない前に守るのがアセスであるはずだ」、渡具知さんは「結婚して住んだ瀬嵩はすばらしいところだったが、ようやく長男を授かった頃、基地建設の話が持ち上がった。その後、長女・次女が生まれ、子どもたちの未来に豊かな自然環境を残したいという思いで基地に反対してきた。一五年間、日本政府は地元の声を何も聞かず、あらゆる脅しを行ってきた。子どもたちの目にも日本はおかしな国だと映っている。裁判所には中立の立場で正しい判断をして欲しい」と語った。

3月5日には、オスプレイの沖縄配備を知りながら隠し続けていた高見澤将林《たかみざわのぶしげ》氏（2008～2011年8月まで防衛省防衛政策局長を務めた。現在は防衛省防衛研究所長）を証人として喚問することが決定した。

原告側が高見澤氏を証人として要請。それを受けて那覇地裁が証人申請したのに対して、防衛省はオスプレイについての証言を不許可としたが、酒井裁判長は「関連質問ならできる」と判断したのだ。この裁判の中で最大の山場になるだろう。

この日で審理は終了し、6月頃に結審、8月頃に判決が出る予定だ。

## 沖縄県環境影響評価審査会がアセスに厳しい答申

2012年2月10日記

昨2011年12月28日未明、沖縄防衛局が闇に紛れて県庁守衛室に搬入を強行した辺野古アセス評価書について、沖縄県環境影響評価審査会は1月19、27、31日の三回にわたる審査を経て2月8日、「環境保全は不可能」という極めて厳しい答申を県に提出した。

評価書に住民意見を聞くことは法的に義務づけられていないが、評価書段階になって初めて「MV22オスプレイ」の配備が明記されたこと、滑走路の長さや飛行経路など環境に著しい影響を与える変更が行われたことから、沖縄県は県として独自に県民意見を受け付け、また審査会でも、住民代表一〇人が直接意見を述べる場を設けるという異例の措置をとった。私も、地元住民の立場から意見を述べさせてもらった。各回とも、県が一〇〇席用意した傍聴席は常に満席で、県民の関心の高さを示した。

一〇〇億円近い費用（国民の血税）をかけ七千頁に及ぶ評価書を作成しながら、その結論がすべて「影響はない」か、あっても「最大限の回避・低減が図られている」と評価されていることに、審査会委員や住民から「結論ありきのアワスメント」「出来レース」「方法書・準備書・評価書と進むにつれて環境影響が軽減されるはずのアセス手続に逆行している」と、ゼロオプションを含め方法書手続からやり直すべきだという強い批判が続出した。

審査会答申は、「やり直し」こそ求めなかった（住民や委員から「やり直しを求めるべき」との強い意見があったことは前文で触れた）ものの、「環境の保全上重大な問題があると考えられ、……生活環境及び自然環境の保全を図ることは、不可能と考える」と、事実上の「レッドカード」を突きつけた。

傍聴席からの意見にも真摯に耳を傾け、住民の意見を最大限採り入れた審査会と、それに積極的に働きかけた住民・県民との共同作業の成果と言える。方法書・準備書段階と異なり、県知事が「県外移設（辺野古移設は不可能）」という姿勢をはっきりと示しているために、審査会の委員たちがそれぞれの専門の立場から、遠慮のない批判や歯に衣を着せない意見を言えたということもあるだろう。

審査会答申を受け、県民意見も含めて、仲井眞知事は2月20日までに飛行場建設事業部分に関する知事意見を防衛局に提出する（埋立事業部分については3月27日まで）。審査会期間中に、辺野古アセスを請け負ったアセス会社への防衛省ＯＢの天下りの実態や、真部朗・沖縄防衛局長の地位を利用した宜野湾市長選（2月12日投開票）への介入が大きく報道され、またもや県民をあきれさせた。

審査会答申と同日、日米両政府は在日米軍再編の見直しを共同発表した。これまで「パッケージ」とされていた普天間基地の辺野古移設と、在沖海兵隊のグアム移転及び沖縄島南部の米軍施設の返還を、辺野古移設の目処が立たないため、切り離して進めるというものだが、一方で、辺野古移設の現行案を堅持する、としている。

知事意見を受けて修正した評価書を一ヵ月間、公告・縦覧したのち、公有水面埋め立て承認申請は6月頃か、と報道されていたが、玄葉外相は申請を当面見送り、時間をかけて「沖縄の理解を得る」姿勢を見せた。結局のところ、真綿で首を絞められるような名護の状況は変わらないばかりか、「辺野古に移設しなければ普天間が固定化されますよ」と、悪いのは名護市民・沖縄県民だと言わんばかりの圧力が強まるだろう。仲井眞知事はそれに屈せず、「県外移設」の姿勢を貫き通して欲しい。

## アセス知事意見と宜野湾市長選の結果

2012年2月22日記

2月20日、仲井眞弘多・沖縄県知事は、辺野古アセス評価書に対する知事意見を沖縄防衛局に提出した。同意見は、「地元の理解が得られない移設案を実現することは事実上不可能であり」、普天間飛行場の「県外移設及び早期返還」を求めてきた、とした上で、沖縄県環境影響評価審査会の答申に沿った形で、「環境の保全上重大な問題」があり、「生活環境及び自然環境の保全を図ることは不可能」と述べ、MV22オスプレイの配備に伴う影響、サンゴやジュゴンをはじめ自然生態系への影響など一七五件にわたって問題点を指摘した。

翌日の『琉球新報』は、「辺野古行き詰まる」「埋め立て承認不可能」という見出しで「政府はあくまで辺野古移設を推進する方針だが、これで手続上も埋め立て承認を得る可能性はほぼなくなったことになる」と書いたが、私たち地元住民の気持ちは、「安心」とはほど遠いのが現状だ。

その不安材料の最大のものは、２月12日に投開票された宜野湾市長選の結果（自公推薦の佐喜眞《さきま》淳《あつし》氏が九〇〇票の僅差で伊波洋一氏に競り勝った）である。

私たち名護市民にとって、宜野湾市長選は他人事ではなかった。予想もしていなかった安里猛前市長の病気辞職による緊急の市長選に、これまで次の県知事選をめざして活動していた伊波洋一元市長が、意を決して立候補してくださったことに敬意と安堵を感じると同時に、なんとしても勝利して欲しいと祈るような気持ちだった。宜野湾市長選の結果は名護の基地問題に直接響いてくる。万が一負けるようなことがあれば仲井眞知事の「県外移設」の姿勢が揺らぎ、名護が孤立する可能性も大きい。

「いーなぐ会」でも、応援に行ける人は行こうと確認し合った。

宜野湾市民の友人に聞くと、伊波さんなら勝てる、と楽観視している人もいたが、自公勢力のネガティブキャンペーンが激しく、かなり厳しいという見方の人も少なくなかった。私は、「いーなぐ会」メンバー四人で告示後の一日だけ選挙の応援（チラシ配り）に行ったが、そのときに四人が一様に感じたのは、「選挙期間中にもかかわらず町があまりにも静か。水面下で何かが動いているのではないか」という気持ちの悪さだった。

一方で、伊波選対事務所は名護の私たちから見ると、のんびりしていて、緊張感があまり感じられなかった。そのときは「選挙となると殺気立つ名護の方が異常なのかもしれないよ」と言ったのだが、あとで考えると、「伊波氏、先行」と報道（地元紙）したり、「マスコミは（選挙の勝敗より）勝った後の話ばかり聞いてくるんですよ」（伊波選対事務所のスタッフ）というメディアの見通しの甘さも、気の緩みを誘ったのかもしれない。

対する相手方は並々ならぬ危機感を持って必死の追い上げを図ったようだ。佐喜眞候補自身が自転車で町を走るなどのイメージ作戦を繰り広げると同時に、伊波氏に対する「出戻り」「市長になったら、次の知事選でまた辞職する」「普天間の危険性を放置し、売名と政治活動に利用している」「できもしない公約を掲げ、市民を騙している」などのキャンペーンを張った。真部朗・沖縄防衛局長の選挙介入が問題になると、逆に、伊波氏を支持している宜野湾市職労を攻撃のターゲットにした。

期日前投票数は前回より少なかったので、企業動員はあまりできていないと言われていたが、佐喜眞陣営は、最後の「尻叩き」による駆け込み投票が功を奏したのではないかという。

選挙期間を通じて何より目立ったのは、仲井眞知事の佐喜眞候補に対する「入れあげ方」だった。批判も顧みず、知事が出席すべき公式行事を欠席してまで佐喜眞氏の応援に駆けつける熱意は尋常ではなかった。6月の県議選を視野に入れ、宜野湾市長選を一つのステップにして、県議選における与野党逆転（与党多数）を実現しようと狙っていることがひしひしと感じられた。

そして、その努力の甲斐あって（!）、彼の意中の人が市長に当選した。次は県議選だ。万が一、知事の思惑通り与党（自公勢力）が過半数を制するようなことにでもなれば、彼が「県外移設」の姿勢を変え、埋め立て承認申請を受け入れる可能性もあるのではないかという危惧をぬぐい去ることはできない。もし、彼の任期中に民主党政権が倒れ、自公の連立政権ができた場合にはなおさらだ（仲井眞知事の「頑張り」は、反民主党という側面も強い）。名護市民の中には、元容認派だった仲井眞知事に対する不信感が根強く残っている。

今回、民主党はどう動いたか。沖縄選出の玉城《たまき》デニー及び瑞慶覧朝敏《ずけらんちょうびん》の両衆議院議員は宣伝カーを出して伊波氏を応援したが、自主投票とした民主党の一部は水面下で佐喜眞氏の応援に回ったという噂もある。伊波氏に対する玉城・瑞慶覧両議員の応援にしても、プラスに働いたのか、逆効果だったのか、わからない。民主党政権に対する不信が、佐喜眞氏に有利に働いたとも思えるからだ。

既成政治に対する不信が、橋下徹・大阪市長（大阪維新の会代表）に代表される新自由主義・独裁への期待に流れつつあるが、日本会議に所属する佐喜眞淳新市長もその流れの人物であることは、「沖縄維新の会」名で伊波氏に対する誹謗中傷のビラが出されていたことからも明白だ。宜野湾市民も今後、八重山で起こっている教科書問題のような困難にぶつかるのではないかと危惧している。

## 稲嶺名護市長が市民に訪米報告

2012年2月28日記

稲嶺進名護市長は2月6〜11日の日程で、「辺野古基地建設反対」を訴えるために米国・ワシントンを訪問。その訪米報告会が27日夜、名護市民会館大ホールで開催された（主催＝名護市）。名護市民だけでなく県内各地から駆けつけた人々が、稲嶺市長及び同行した玉城デニー衆議院議員（民主党。名護市を含む沖縄三区から選出）の報告に聞き入った。

最初に報告した稲嶺市長は、訪米の目的について「一昨年の市長選から二年、市民に約束した『海にも陸にも基地を造らせない』意思を貫き通してきたが、その傍らで日米両政府は改めて辺野古へのV字案を確認。たくさんの大臣が『理解を得る』ためとして沖縄入りしたが、名護まで来た人は一人もいない。どうやら嘉手納あたりに大きなバリアがあるらしい」と笑いを誘い、「日本政府の頑《かたく》なで強引な姿勢が変わらないので、軍転協（沖縄県軍用地転用促進・基地問題協議会。沖縄県及び三一市町村で組織）として初めて『県内移設反対』を決議した。訪米も軍転協としてやろう、と提案したが、かなわないまま押しつけられてくる危機感を感じたので、単独でも行かなければならないと思った」と述べた。

「2月のワシントンはとても寒いと聞いていたが、内側の熱いものと、過密スケジュールで寒さを感じる暇はなかった」と、7、8、9日の三日間にわたって国務省・国防総省、米国連邦議会（上・下院）議員や関係者（軍事委員会、歳出委員会、財務委員会、外務委員会）、シンクタンク等、計二〇人と会談し、講演会や記者会見を行ったことを報告。「地元の市長が来たということで関心はとても高かった。基地建設反対の理由として、自然環境の保全、米軍基地の加重負担、県内の政治状況の変化、を訴えた」「これは日本国内の問題ではないか、要請先が違うのではないか、という反応もあったが、それに対しては、1609年の薩摩侵攻以来、武力による廃藩置県、沖縄を切り離した日本の独立、沖縄の日本復帰をめぐる裏取引など、沖縄を犠牲にすることで繁栄を享受してきた日本による構造的差別が今もずっと続いており、基本的人権、民主主義の問題として捉えて欲しいと訴えた」、

「米国側は、基地が沖縄に集中しすぎていることに理解を示した。米国では普天間基地の問題を日本国内とは別次元で問題にしている。海兵隊の抑止力とか沖縄の地理的優位性とか、野田政権が根拠として呪文のように繰り返していることは、全く問題にしておらず、財政問題が大きな比重を占めて

いることがわかった。日本の動きより米国の動きが一歩も二歩も進んでおり、抑止力論もパッケージ論も根拠を失っていることを実感した」、

「地元の市長が初めて、顔と顔をつきあわせて生の声で訴えることによって理解を深めることができ、当初の目的を達成したと思う」と語り、「米国内での理解者を増やしていくために、今後も情報を届ける必要がある」と結んだ。

玉城デニー議員は、「昨年4月、政府の沖縄・北方特別委員会の理事としてワシントンに行った際に、地元の声を届ける必要を感じたので、稲嶺市長の訪米の意思を聞いて、その実現に尽力し、同行した」と前置きし、「沖縄の基地問題は米国の全体予算の削減から来ており、沖縄の民意をもって米国と交渉すれば解決できるものだ。米国務省・国防総省の担当審議官は訪日しているのに、日本政府は動きたくない。対中国・北朝鮮で、米国は海兵隊を沖縄に置き続けるより、短期ローテーションでグアム、ハワイ、オーストラリア、将来的にはフィリピンやシンガポールにも回したいと思っている。今回の訪米で、日米に加え沖縄も交えて議論すべきだという意見に賛成してくれる人もいた」と述べた。

その後、会場から多くの質問や労《ねぎら》いの言葉が寄せられた。ある大学生は「日本とアメリカの認識の違いはどこから来るのか。日本と沖縄の主張の違いをアメリカはどう捉えているのか」と質問。稲嶺市長は「米国で、日本には軍事専門家がいないと言われた。日本とはまともに話ができないということではないか。五年の間に首相が六〜七人、防衛大臣が九〜一〇人も替わるような国とまともに話ができるわけがない。日本は米国に対して情報提供していない。米国に対しても本土に対しても、正確な情報を提供していくことが必要だ」と答えた。

また、地元住民からの「なぜ日本政府は辺野古にこだわり、ストーカー行為を続けるのか」という質問に対して、玉城議員は「利権のたらい回しがあるからだ」と答え、稲嶺市長は「これまでの沖縄県知事や名護市長が『苦渋の選択』をやってきたことが、誤ったメッセージを送り、政府に期待を抱かせた」と述べた。

玉城議員が「(民主党の中で)辺野古移設反対を貫けるのか」と問われ、「反対の姿勢を変えることはない」と答える一幕もあった。

## オスプレイ隠しのミスター・タカミザワを証人喚問

2012年3月7日記

辺野古違法アセス訴訟(やり直し義務確認請求事件。09年8月提訴。原告数六二〇人)の第二〇回公判が3月5日、那覇地裁で開催された。1月から行われてきた集中審理の最終日となったこの日、那覇地裁の酒井良介裁判長は防衛省防衛研究所長・高見澤将林《のぶしげ》氏を証人喚問。日本政府が隠し続けてきた垂直離着陸機MV22オスプレイの配備(アセスの最終段階の評価書において初めて明らかにした)について、原告代理人が尋問した。

高見澤氏は昨年8月まで、事務方のナンバー2と言われる防衛省防衛政策局長を務めたエリート官僚。米軍普天間飛行場移設などについて協議した日米特別行動委員会(SACO)当時は防衛庁運用課長として交渉の実務担当者だった。SACO最終報告発表(96年12月)直前、オスプレイ配備を沖縄に明言しないよう求める「想定問答集」（「タカミザワ文書」とも言われる）を在日米軍司令部に届けた張本人で、日本政府のオスプレイ隠しの実態を明らかにするため原告側が証人喚問を求めていた。

防衛省の抵抗を押して市民運動が防衛官僚を法廷に引きずり出した画期的な法廷とあって、過去最多の傍聴希望者が何重もの列をなし、抽選に漏れた人々は裁判所の廊下で報告を待った。

公務員の「守秘義務」という壁が立ちはだかり、いわば「手を縛られた形」での尋問となったが、原告代理人の加藤裕弁護士は、国会答弁やマスコミ報道など公表された事実を元に、「守秘義務」に逃げ込もうとする高見澤氏を一時間以上にわたって鋭く追及した。高見澤氏は、聞かれてもいないことを饒舌にしゃべり、核心部分については答えないか、はぐらかすという戦術で尋問を乗り切ろうとしたが、そのこと自体が、オスプレイの配備を隠し続けてきた防衛省の隠蔽体質をあぶり出した。

「米側から正式な通報がない」として方法書・準備書にオスプレイ配備を載せなかったにもかかわらず、一方で、正式な通報はないが（沖縄への「配慮」で）評価書には記載したという矛盾。２００９年4月21日の『琉球新報』記事（「配備念頭に日米協議」の見出しで、高見澤氏がオスプレイの普天間代替施設への配備を米側と調整していたことを報道）についても「守秘義務」とし、隠してきた事実そのものを隠したこと。国会答弁に際しても「そのまま答えない（はぐらかす）」という言質を高見澤氏から引き出すなど、防衛省の嘘とごまかしの数々を白日の下にさらした（弁護団事務局の金高望弁護士は、防衛省を「ごまかしの達人」と称した）という意味で、大きな成果を得たと言える。

裁判は次回7月18日で結審し、秋にも判決が出る見通しだ。辺野古海域の現場調査も含む丁寧な証拠調べを積極的に行ってきた酒井裁判長が、政府による基地建設に向けた県知事への公有水面埋め立て承認申請とも重なる時期にどんな判決を出すのか、注目したい。
報告集会で、訴訟団団長の安次富浩さん（ヘリ基地反対協共同代表）は、三年に及ぶ訴訟を手弁当で担ってくれている弁護団への感謝を込めて「弁護団の献身的な働きに報いるためにも、辺野古基地建設を断念させるたたかいに勝利しよう！」と檄を飛ばした。

## PAC3・自衛隊配備、バカげた大騒ぎのツケ　２０１２年４月20日記

あのバカげた大騒ぎはいったい何だったのか…？　朝鮮民主主義人民共和国（朝鮮）が４月12～16日に打ち上げると予告していた人工衛星を長距離弾道ミサイルと断定し、「破壊措置命令」によって沖縄県内に展開していた自衛隊の撤退が19日に完了した。

予告期間に備えるとして政府・防衛省は、沖縄島、宮古島、石垣島に迎撃用地対空誘導弾パトリオット（ＰＡＣ３《パック》）を配備、海上に迎撃ミサイルを装備したイージス艦、与那国を含む各島々に数十～数百人規模の自衛隊を配置した。実弾を装填した銃を持つ迷彩服の隊員が闊歩し、戦時下と見まがう光景に、住民らは六七年前の沖縄戦の記憶を呼び覚まされた。

朝鮮は「平和的な衛星の迎撃は戦争行為だ」と警告。政府・消防庁は「攻撃対象地域・沖縄」と表示する文書を関係自治体に送付し、沖縄県庁や関係市町村役所に自衛隊員を常駐させ、全国瞬時警報システム（Ｊ－アラート）を運用（実際には使用せず）するなど、行政・民間を巻き込んだ「戦時体制」作

りを行った。

自ら攻撃を招き寄せる日本政府の動きに対し、各島々の住民らは「沖縄を再び戦場にするな！」「PAC3・自衛隊を撤退せよ！」と声を上げ、抗議行動を展開した。宮古島では4月8日、「宮古島を軍事の島にしないで！市民集会」と平和アピール行進が行われ、六〇人が参加した。

4月11日、沖縄県庁前で行われた「政府防衛省・自衛隊によるPAC3の配備運用に反対し外交の平和的解決を求める県民集会」（市民・労働一〇団体主催。三〇〇人参加）で、城間勝・沖縄平和市民連絡会共同代表は「大騒ぎをしているのは世界中で日本だけ。沖縄への自衛隊配備、米軍強化のための最大イベントとして利用している」、安次富浩・ヘリ基地反対協議会共同代表は「沖縄を有事体制に巻き込んでいこうとしている。石垣への自衛隊配備は県民を敵と見なしており、戦前の日本軍と同じだ」と語った。島田善次・普天間爆音訴訟団団長は「沖縄は戦場のような状況。日本政府が、これでもかこれでもかと押し寄せてくる」、「石垣島に行って来たという沖縄社会大衆党の比嘉京子県議は「ものものしい警備は何を守るためか？　八重山教科書問題も旧日本軍司令部壕の説明板削除問題もみんなつながっており、大きな力が襲いかかっている」と危機感を露わにした。

同日、石垣市でも、平和憲法を守る八重山連絡協議会が集会を行い、「自衛隊常駐の地ならしを許さない」と政府の動きを厳しく批判した。

4月13日、朝鮮の衛星打ち上げは失敗に終わったが、日本政府にとってそれはどうでもよいことだったと思う。彼らの最大の目的は、「北朝鮮の脅威」を利用した「（新防衛大綱に基づく）島嶼防衛」演習であり、それは米軍・日本軍を含めた沖縄の軍事要塞化をめざすものだ。「危機管理能力の欠陥」を指摘されながらも、その目的を一定程度果たしたたという意味で、野田政権にとっては一定の成功を納めたと言えるのではないか。

ＮＨＫをはじめとするマスメディアが「北朝鮮が衛星と称する事実上のミサイル」というおかしな日本語を繰り返す（残念ながら沖縄の地元メディアも例外ではなかった）のには、心底うんざりさせられた。今まで聞いたことのない耳障りで奇妙な造語を、アナウンサーや記者はどんな気持ちで口にし、文字にしているのだろう……。聞く度、目にする度に気持がざらつき、これは言葉に対する侮辱だと思った。

それにしても、なんと恥ずかしい国に住んでいるのだろうとつくづく思う。朝鮮がいいとは全く思わないが、日本も米国も朝鮮を責める資格があるとはとうてい思えない。「自分の姿を見てから物を言え」と怒鳴りたくなった。少なくとも相手だって、どんなに矛盾や問題を抱えていようと一国を名乗っているのだ（矛盾や問題を抱えていない国なんてどこにもない）。最低の礼儀はわきまえるべきだろう。相手を頭から「嘘を言っている」と決めつけ、居丈高に「制裁」などと言うのでは、信頼どころかどんな関係も結びようがない。そんな小学生でもわかる道理を無視して、マスメディアも無批判に同調したのだ。

奇妙な日本語を繰り返し聞かせ、見せることによって「ミサイル」だと刷り込み、どこの国もやっている人工衛星やミサイル実験を、朝鮮だけは（公開したにもかかわらず）ことさらに危険だと煽ったマスメディアの罪は重い。少なくない県民が「北朝鮮は怖い」と洗脳され、自衛隊配備もやむを得ないと思わせられたそのツケは、今後の沖縄に大きな陰を落とすのではないかと、私は危惧している。

5月15日、四〇周年を迎える沖縄の「日本復帰」とは何だったのか、改めて問わざるをえない。

## 久志岳演習場を命の森に

2012年4月30日記

4月28日は、1952年にサンフランシスコ平和条約が発効して満六〇年目の日だ。この対日講和条約によって日本本土は敗戦後の占領から主権を回復したが、琉球諸島は切り離され、沖縄は以後さらに二〇年間、米軍の施政権下に置かれた。沖縄では「屈辱の日」と呼ばれるこの日、偶然にも友人の誘いで、米海兵隊キャンプ・シュワブの演習場が見下ろせる久志岳《くし》に登ることになった。

島のほぼ中央に並んでそびえる辺野古岳（332メートル）・久志岳（335メートル）は、かつて、辺野古と久志の子どもたちがそれぞれ、自分たちの山の方が美しいと競い合ったというのがうなずける雄姿を、今も保っている。しかし現在は、米軍の実弾演習場（中部訓練場の一部）として囲い込まれ、砲撃の標的とされた山肌は赤土がむき出しになっているのが、辺野古の集落からも見える。

今は登ることなどできないのだと思っていたら、東海岸側からは登れないが、演習場になっていない西海岸側からは登れるという。山道は割と歩きやすいし、頂上からは演習場が見渡せると聞いて、あいにくの雨模様だったが、長靴にカッパを着込んで登山を開始した（沖縄はこの日、例年より一一日も早く梅雨入りした）。

名護市西海岸の許田《きょだ》集落と数久田《すくた》集落の間の農道を車で上り、中腹に開けた土地改良区（農地）から山道に入る。あとで調べたら、久志岳の西海岸側一帯は許田の範囲だ。許田は、ヤードゥイ（屋取）と呼ばれた寄留民を主体とする集落で、彼らはかつて山中に開墾地を作り、芋などを植えて自給自足し、換金用に材木、薪、炭、藍などを生産したという。山を登っていくと、石積みの段畑の跡や、まだ形の残る炭焼き窯、古いガラス瓶や瀬戸物、水瓶の一部、猪の落とし穴か？と思われる人工的な穴など、当時の生産や生活の名残をとどめるものがあちこちに見られた。腐葉土がふかふかして歩きやすい山道は、当時の生活道路だったに違いない。

森は新緑の時期を少し過ぎ、いろいろな木の花が咲き競っている。可憐なツルランの花に出会ったときには思わず歓声をあげた。コクランも山道沿いにたくさん咲いている。一見、黒っぽくて目立たないが、よく見るととても優雅な花だ。ルリミノキの白い可愛い花もぽつぽつ見える。

雨が小降りになり、少し前に南方から渡ってきたアカショウビン（我が家の近くでの初鳴きは4月15日だった）やウグイスの美声に聞き惚れながら歩いていると、パンパンパンと耳障りな実弾射撃の音が聞こえてきた。頂上に近付くにつれて、音はだんだん大きくなり、さらにエンジン音まで加わった。辺野古崎に隣接する「ゆかり牧場」（当初は闘牛場だったが、現在はサーキット場として使われ、周辺住民から騒音への苦情が出ている）の騒音が樹林の上を越えて響いてくるらしく、双方が相まって、うるさいことこの上ない。鳥たちにはさぞ迷惑なことだろう。友人が指さす方を見ると、ヘリコプターの残骸の一部らしいものも散乱していた。

頂上に着いて、眼下に広がる演習場の広大さに驚いた。いつも海の方から山を見ているが、こんなに広いとは想像を超えていた。北部訓練場（ジャングル戦闘訓練センター）になっている東村・国頭村の森（世

久志岳頂上から見た米軍実弾演習場。その先に辺野古の海が広がる

界自然遺産に匹敵すると言われている）に劣らないすばらしい樹林地帯だ。そのあちこちが切り開かれて演習地が作られている。射撃音の発生源はその演習地の一つだった。「また新しく切り開かれている。この前来たときには、あそこはなかったのに」と友人が指さす。棒のようなものがいくつも立っているのは「人に見立てた射撃目標」だという。

4月25日の地元紙で、米軍が今年秋に普天間基地に配備するとしていた垂直離着陸機ＭＶ22オスプレイを、前倒しして7月に配備すると日本政府に伝え、日本側も容認する方針であることがわかった、と報道された。オスプレイはその少し前の11日、モロッコで演習中に墜落し、海兵隊員二人が死亡、二人が重症を負う惨事を引き起こしたばかり。「空飛ぶ棺桶」という悪名を実証した直後にもかかわらず、地元をはじめ全県の猛反発を臆面もなく足蹴にするとは、どこまで沖縄をバカにするのかと憤懣やるかたない。万万が一、辺野古に新基地が建設されれば、ここにオスプレイが来るのだと思って、ぞっとした。

米軍は、1944年10月10日の十・十空襲（那覇の街がほとんど灰燼に帰し、沖縄島全土がかなりの被害を受けた）前に沖縄島の全体を空撮し、どこに何があるかをすべて把握している。空撮写真を分析しながら、（まるでそこには人などいないかのように）ここはこう使おうと綿密な計画を立てたらしいことが、空襲の仕方からも見て取れる。一例をあげると、多くの集落が空襲で焼かれた中で、その隣接集落がまるごと残り、難民収容所として使われているのだ。

頂上から森を見下ろしていると、空の上からこの森を見ている米兵や米軍に思いが至ってしまう。彼らは、自分たちの戦争のために、ここをどう使うかを考えたことだろう。多くの命が息づく森、地域の人々を養ってくれた大切な森を、戦争のために使わせてはいけないと改めて思う。赤茶けた演習地が痛々しい。この森を取り戻し、命の森として再生させたい。――そう強く思いながら、私は久志岳頂上に立ちつくしていた。

## 日米共同文書と沖縄県議選

2012年5月12日記

日米両政府（日米安全保障協議委員会：玄葉光一郎外相、田中直紀防衛相、クリントン国務長官、パネッタ国防長官）は4月26日、在日米軍再編見直しに関する共同文書を発表した。当初、25日発表の予定だったが、以前から普天間基地の辺野古移設の実現性に疑問を呈し嘉手納基地統合を提唱している米上院軍事委員会のレビン委員長らが、「詰めが不充分」とする批判声明を出し、修正を余儀なくされるというドタバタ劇となり、野田首相訪米（4月30日）に何とか間に合わせた格好だ（日米首脳会談後の共同記者会見では普天間移設問題に触れるのを避けた）。

修正された共同文書は、普天間移設について、辺野古移設が「『これまでに特定された』唯一の有効な解決策である（『　』内が付け加えられた）」として、今後はそれ以外も検討するという含みを持たせた。しかし、それはあくまで県内移設であり、レビン氏らの主張する嘉手納統合案か、さもなくば普天間基地の継続使用でしかなく、県民としてはとうてい受け入れられる内容ではない。「代替施設が運用可能となるまでに必要な補修事業」を日本政府が負担することも明記しており、世界一危険な普天間基地に世界一危険なオスプレイが配備され、それが長期固定化されることになるのではないかと、反発の声が高まっている。

この共同文書がさらに危険なのは、「二国間の動的防衛協力」を強調していることだ。「同盟の抑止力が、動的防衛力の発展および南西諸島を含む地域における防衛態勢の強化といった日本の取り組みによって強化される」と述べ、普天間移設と切り離して海兵隊のグアム移転と嘉手納以南の米軍基地の返還を進めながら、「米軍と自衛隊の相互運用性を強化し、戦略的な拠点としてのグアムの発展を促進」する、としている。動的防衛協力とは「適時かつ効果的な共同訓練、共同の警戒監視・偵察活動および施設の共同使用」などであり、自衛隊が国内だけでなくグアムや米自治領・北マリアナ諸島においても、米軍施設を共同使用する方向が示されている。

同文書の方向性は、「北朝鮮や中国の脅威」を口実にした宮古・八重山諸島への自衛隊配備計画（「国境の島」与那国島には沿岸監視部隊が配備されようとしている）が進み、それに異を唱える人々の口を封じようとする動きが目立ってきたことと軌を一にしていると思う。物の言えない社会へと進みつつあるようで怖い。

辺野古の座り込みテントに対しても、このところ右翼や「在特会」など排外主義的な人々による直接の威嚇（「在特会」がテントを壊そうとやって来たが、事前に情報を得た警察が入って事なきを得たこともあった）、あるいはインターネットを使った嫌がらせや攻撃が頻繁になっている。つい先日も、辺野古の浜の住民地域と米軍キャンプ・シュワブを隔てるフェンスに結んだ、平和を願うバナー（全国から寄せられたもの）を「ゴミ」だと言って持ち去ろうとしたグループがあり（日の丸を貼った車に乗ってきたらしい）、それに気付いたテントのメンバーが抗議し、何とか平和裡に取り戻したという。辺野古移設ノーという県民の総意をなんとしても崩したい人々にとって、座り込みテント（来る7月5日で三千日になる）は目障りで仕方ない存在なのだろう。

そんな状況の中で行われる沖縄県議選（6月1日告示、10日投票）に、米国側も大きな関心を寄せていると聞く。日米双方の辺野古移設を推進したい人々は、現在の県議会の野党多数が逆転し仲井眞知事の与党が増えれば、知事の態度が（辺野古移設へ向けて）軟化し、彼の「県外移設」方針に揺らぎが出てくることを期待しているのだ。否、単に期待しているだけではなく、彼らは、与野党逆転を狙うさまざまな策略を行っている。

前回（２００８年）の県議選で野党多数となり、辺野古移設に反対する県議会決議が県民意思を示すものと内外に認識されるようになってから、移設容認派だった知事の態度が少しずつ変わってきた。０６年１月の名護市長選で辺野古移設に反対する稲嶺進市長が誕生し、地元名護市民の意思もはっきりと示されるに至って、同年秋の県知事選に際し容認のままでは負けると判断した知事（彼を支える自民党沖縄県連の判断が大きかった）は「県外移設」へと方針転換し、再選を果たした。今や、知事を含むオール沖縄が「辺野古移設反対」でまとまっているという状況が生まれている。

これを何とか覆して前回県議選前の状態に戻し、辺野古移設への道をもう一度こじ開けたいというのが彼らの狙いだろう。その意味で今回の県議選は、辺野古基地問題だけでなく、沖縄の今後の方向性を左右する選挙となりそうだ。

それは一年半後の名護市長選にも大きく影響してくる。彼らは、「目の上のたんこぶ」である稲嶺市長を引きずり落とそうと、すでに水面下でうごめいているが、万が一にも与党多数になるようなことがあれば、その勢いにいっそう拍車がかかるだろう。その意味で、私たち名護市民にとってもきわめて重要な選挙なのだ。

名護市区（定数二人。現在は与党1、野党1）の立候補予定者は四人だが、うち一人は島袋吉和前市長時代の副市長だった人で、与党現職の後継者として当選はほぼ確実と見られている。あと一議席を、野党現職及び「中立」新人二人の計三人が争うという構図で、野党議席を守れるかどうかが攻防の焦点となる。要注意なのは、県政野党を名乗ってきた民主党と国民新党（国政与党）が、今回の選挙では「中立」を標榜していることだ。名護市区の「中立」候補者一人は連合の推薦を受け、民主党の玉城デニー衆議院議員がバックアップしている。無名の新人であるにもかかわらず、選挙事務所を市内各所に構え、複数の宣伝カーで派手に「チェンジ」とか「新しい風を」とアピールしているのを見ると、その裏には辺野古移設を進めたい政府の意向があるのではないかと感じてしまう。ちなみに彼は、地元紙の立候補予定者に対するアンケートの中で、普天間基地移設については「県外」と答えている（名護市区の与党候補者が「保留」としている以外は、自民党を含む全員が「県外・国外」と答えている）ものの、県内への自衛隊配備については、四人の中で唯一「強化すべき」と答えている（与党候補者ですら「現状通りでよい」としているのだが）。

選挙はもううんざり、と思いつつ、あと一歩まで来た「辺野古基地計画撤回」を後戻りさせないために、今回の県議選も取り組まないわけにはいかない。

## 「日本復帰」四〇年とは何だったのか

2012年5月25日記

沖縄が「日本復帰」四〇周年を迎えた5月15日、四〇年前と同じ激しい雨が島を見舞った。轟く雷鳴と、抗議のデモ行進の声が響く中、宜野湾市の沖縄コンベンションセンターで行われた「沖縄復帰40周年記念式典」（主催：政府・沖縄県）において、米軍統治下の沖縄から初の国会議員となった上原康助氏（元沖縄開発庁長官）は「式典にふさわしくないあいさつになるかもしれませんが」と前置きし、「沖縄返還協定強行採決の屈辱を絶対に忘れない」と当時の真情を吐露した。彼は、式典に同席していた野田佳彦首相とルース駐日米大使に名指しで、「民主主義の基本は世論を尊重すること。なぜ、両政府とも沖縄県民の切実な声を尊重しないのか」と問いかけ、沖縄への基地強要・集中を批判、「これ以上、陸にも海にも造ることはおやめください」と強く求めた。それは会場参加者をはじめ、多くの県民の気持を代弁していた（テレビの前で思わず拍手した、と言う人が少なくなかった）が、野田首相の胸には響かなかったようだ。報道によれば、首相は表情一つ変えなかったという。

六七年前、当時の天皇制国家によって本土防衛のための「防波堤」「捨て石」とされた沖縄は、民間人を巻き込み凄惨をきわめた地上戦で焼け野原となり、島の人口の三分の一を失っただけでなく、生き残った人々の心に今なお癒えない傷を残している。

上陸した米軍は沖縄を軍事占領し、広大な軍事基地を確保した。１９５２年のサンフランシスコ講和条約および日米安全保障条約の発効で日本本土は独立を回復したが、沖縄はそれ以降も二〇年間、米軍占領下に置かれた。米軍の「銃剣とブルドーザー」によって土地を奪われ、基地被害に苦しみ、人権を蹂躙され続ける中から、「基地のない平和な沖縄」への強い願いが燃え上がり、それは「平和憲法の日本」への復帰運動となって全島に広がった。

日米両政府もこれを無視できなくなり、１９７２年、沖縄の施政権は日本に返還されたが、四〇年前のこの日、島に渦巻いていたのは、喜びではなく怒りと屈辱であり、天が泣いているような豪雨の中で、人々もまた悔し涙を流した。

「県民の熱い思いとは大きくかけ離れたものでしかなかった」と上原氏が言う「復帰」は、それにまつわる日米間のさまざまな密約が物語るように、沖縄の人々が求めていた「基地のない平和な島」とはほど遠く、沖縄は引き続き、日米安保体制下の軍事拠点＝「太平洋の要石」として位置づけられた。それどころか「復帰」以降、日本本土の米軍基地が沖縄に移されるなど基地の集中化がますます進み、現在もなお、国土のわずか0・6％の沖縄が全国の74％の米軍基地を負担させられている。

基地の過重負担をいわば「札束でなだめる」ための「沖縄振興策」、高率補助金は、沖縄の自立経済を阻害しただけでなく、「東洋のガラパゴス」とたたえられる多種多様な動植物を育む世界的にも貴重・希少な亜熱帯の島嶼生態系を、不要不急の「公共工事」によって戦争以上に破壊した。

1995年の米海兵隊員による少女レイプ事件を機に再び燃え上がった「基地のない沖縄」への強い願いは、日米両政府による海兵隊普天間飛行場の県内移設計画に対して、今や、仲井眞弘多県知事を含め県民が一丸となって「ノー」を表明するまでになっている。にもかかわらず、その声を全く聞こうとしない日本政府に、四〇〇年以上前から続く植民地支配の歴史、構造的な沖縄差別が今も続いていることを、沖縄の人々は実感している。

「復帰」とは何だったのか、この四〇年間は沖縄に何をもたらしたのか。それを問う、多様な主体による多彩な催しや試みがこの間、沖縄各地で行われている。

5月14日に宜野湾市民会館で開催された「韓琉ちむどんどん」で「復帰40年：沖縄をアジアの懸け橋に」と題して講演した新崎盛暉氏は、「復帰」について、「民衆がめざしたものは異民族支配からの解放だったが、国家権力の意図は固有の領土の回復だった。沖縄返還によって沖縄はアメリカから日本に買い取られ、返還を利用して日本政府は在日米軍基地の沖縄への集約化を図り、その結果、安保は日本政治の焦点でなくなった」と指摘し、「１９９５年以来の沖縄の民衆闘争が韓国の反基地運動と繋がり、県内でも分断されていた世論がまとまっていった。日本に埋没することのない独自の歴史的主体としての沖縄は、今後の東アジアにとって大きな意味を持っている」と述べた。

県民の総意を一顧だにせず、何がなんでも辺野古移設に固執する日本政府、世界一危険と言われる普天間基地をさらに危険にするＭＶ22オスプレイの配備を強行しようとする米国政府に、県民の怒りは爆発寸前だ。オスプレイは、つい先月にも、モロッコで演習中に墜落し、海兵隊員二人が死亡、二人が重症という惨事を起こしている。日米政府は、沖縄配備の前に県外基地へ一時移駐する案も持っていたが、地元の反対ですぐさま撤回。にもかかわらず、どこよりも反対の強い沖縄に、地元の意思を無視して、この7月にも配備（当初一二機、最終的に二四機を予定）するという。これを沖縄蔑視と言わずに何と言うのだろう。

加えて見逃せないのは、前述したように、「北朝鮮や中国の脅威」を口実にした宮古・八重山諸島への自衛隊配備計画が進んでいることだ。日米両政府が4月26日に発表した「在日米軍再編見直しに関する共同文書」では「二国間の動的防衛協力」を強調し、米軍と自衛隊の共同訓練や施設の共同使用を進めようとしている。沖縄を、米軍だけでなく日米両軍の軍事植民地にするつもりなのかと、危機感が募る。

沖縄の人々が求める「基地のない平和な島」が未だに実現していないのは、沖縄の人々を対等な人間と見ない日米両政府の差別政策のためだけでなく、それを助長するマスメディアと、それらを無批判に受け入れる全国の人々の「思考停止」と「無関心」のゆえだ。沖縄では、新川明氏らが四〇年前に投げかけた「反復帰論」が再度見直され、「琉球独立論」が共感を広げつつある。

「日本復帰」とはいったい何だったのか——。四〇年目のその問いを、日米安保や、沖縄と日本との関係をとらえ直し、未来に向けた新しい関係を作っていくスタートにしたいと願わずにはいられない。

# 第3章

２０１２年６月～２０１３年１月

# 新たな「屈辱の日」

## オスプレイ強行配備　「沖縄建白書」提出

### 民主党政権に鉄槌――県議選結果

２０１２年６月15日記

6月10日に投開票された沖縄県議選で、仲井眞弘多知事の与党二一（自民一三、公明三、無所属五）人、野党二一（社民系八、共産五、社大系六、無所属二）人、中道六（民主・国民新・そうぞう各一、無所属三）人が議席を獲得した。知事がめざした与野党逆転（与党多数）はならず、逆に与党は一議席減らした。

日米両政府は、今回の選挙で与野党逆転すれば、もともと容認派だった仲井眞知事の「県外移設」方針が揺らぐことを期待していたが、それは見事にはずれた。沖縄県民は、普天間基地の辺野古移設、危険なオスプレイを押しつけようとする日米両政府に、改めて、明確な「ノー」を突きつけたのだ。

今選挙の特徴は第一に、前回県議選より5・33ポイントも下がった52・49％という過去最低の投票率（最大選挙区の那覇市では48・12％）と、にもかかわらず「低投票率は保守に有利」という定評が覆されたこと。政治不信による若年層の選挙離れに加え、自民党を含めほとんどの候補者が県内反対や県外・国外移設を打ち出したため争点が見えづらかった。それは与党の戦術でもあったが、マスコミの調査によれば県民は「普天間移設問題」を最大の判断材料とし、県民意思を反映する議会勢力の維持を選択したのだ。

それは、投票した人々の意識の高さと、一方における無関心層の増大、そしてその両者の間の溝の深まりをも示している。一年半後に迫る名護市長選において、私たちはそれをしっかりと見据えて取り組む必要があると思う。

第二の特徴は民主党が惨敗したこと。県民を裏切り、差別政策を押しつける政権党への鉄槌と言ってもいいだろう。民主党は前回県議選で四議席を獲得したが、「辺野古回帰」への抗議離党や除名で二人が減り、今回、かろうじて一議席を得たのみ。民主党が県政与党入りしても大勢に影響はない。

仲井眞知事は、県政与党への傾斜を強めつつある民主党に肩入れしたが、それは逆に県民の不信感を募らせただけだった。知事が率先して応援した民主党の若手候補は、前回県議選でトップ当選だったにもかかわらず、今回（見事に？）落選した。政権の「辺野古回帰」に抗議して民主党を離党した山内末子さん（うるま市区）は、厳しい戦いを強いられたが議席を守った。

わが名護市区では、与党一人、野党一人、中道（というのが何なのか、私にはさっぱりわからないのだが）二人が二議席を争った。退任した与党議席を継いだ末松文信氏（基地を受け入れた島袋前市政時代の副市長）は当初から当選確実と見られており、野党（六選目をめざす革新無所属の玉城義和氏。名護市民投票後の出直し市長選で基地反対側から立候補、岸本建男氏に惜敗した）の一議席を守れるかどうかが、次の名護市長選にも大きく影響してくる最大の争点だった。

玉城デニー・民主党衆議院議員のバックアップを受け、「中道」を標榜する新人の玉城健一氏は稲嶺市政の与党議員だった人で、二期目を中途退任して立候補した。そのため、稲嶺市政の与党議員が義和支持と健一支持に分かれ、市長の後援会は苦悩したようだ。一方を応援したくてもするわけにいかず、表向き、両方を応援し、両方の当選をめざすという姿勢をとったが、本音では、そんなことはほぼありえない（どちらか一人しか当選しないであろう）ことを、みんな知っていた。

私が事務局長を務める「いーなぐ会（稲嶺市政を支える女性の会）」は、会として、というわけにはいかないが、メンバー一人ひとりが並々ならぬ危機感をもって義和氏の当選のために奮闘した。「県外移設」を打ち出してはいても、状況次第ではそれを貫いてくれるかどうかわからない人が当選したら、名護の民意を県政に伝える道を断ち切られてしまう。もしここで万が一にも義和氏が落選すれば、市長選も危ない。そんな危機感だった。

基地誘致派は、末松氏の当選は確実なので、義和氏を落とすために健一氏への投票を勧めている、という話も伝わってきていたし、健一氏の当初の運動量（事務所や宣伝カーの数、看板、幟等を含め）の多さ、「義和氏は長すぎる」「チェンジ」などのキャンペーンに加えて、「大丈夫論（労働組合出身の義和氏は組織票があるし、実績もあるから大丈夫なので、健一氏に票を回そう）」の流布などが危機感をいっそう高め、義和陣営の結束をこれまでになく強めた。選挙に向けたどの集会も、「これまででいちばん多い（義和氏本人の弁）」支持者を集め、その度に義和氏は「どうか私を落とさないでください」と訴えた。

本人はもちろん誰もが必死だった。その必死さ、危機感と、名護市民の良識が野党議席を守ったのだ。義和氏が「稲嶺進市長との二人三脚」を前面に打ち出したのも功を奏したと思う。名護市区の投票率は58・25%と、県全体より高かった。企業ぐるみ選挙と期日前投票のフル活用という相変わらずのやり方で保守票を獲得（二万一七四一票）した末松氏と玉城義和氏（八二七九票）が当選。玉城健一氏（五一一四票）と比嘉清仁氏（六一三票）は落選した。民主党のバックアップは健一氏に不利に働いたと思われる。

自画自賛になるかもしれないが、私が提案した今回の選挙グッズ（うちわ型チラシ）も義和氏の当選に寄与したと思う（ご本人も、若干のリップサービスもあるかもしれないが、これをもっと早く作ってたくさん撒いていたら一万票は取れたかも知れない、とおっしゃっていた）。

従来の保守・革新はほぼ固定票で変わらないだろう、大きなポイントは、若い人を中心とする無関心層にどう関心をもたせるか、だと私は思った。チラシをいくら一生懸命配っても、見てもらえないのでは意味がない。失礼ながら、それまでに作られていた義和陣営のチラシも他の陣営同様、普通の市民が手に取って読みたくなるようなものではなかった。これでは、素晴らしい実績も公約も「ゴミ箱に直行」してしまう。なんとか無関心層の心に訴えるものを作りませんかと、私は後援会の事務局とご本人に提案し、了解をもらった。

若いデザイナーを含む女性たちの智恵を集めて作ったうちわ型チラシは、表面に猫（実は義和氏は愛猫家なのだ）を抱いて微笑む普段着の義和氏の写真とプロフィール、裏面に政策をわかりやすい言葉で配置した。「いのちにやさしい」「くらしをまもる」「しごとをつくる」という三つのキーワードを、ひらがなで大きく配置し、それぞれの下に具体的な政策を、なるべくかみ砕いて散りばめた。キーワードだけを読んでもらってもいいし、もっと読んでみようという気になった人には、さらに小さな文字を読んでもらおうというわけだ。色合いもどぎつい色を避け、優しい感じにした。

時期的にうちわが喜ばれる季節でもあり、これなら親しみやすくて誰もが受け取ってくれる、配りやすいと引っ張りダコで、あっという間になくなった（告示の直前だったので、あまり多くは作れなかった）。当初は「猫を抱いた写真」にいささかの抵抗を示していたご本人が、その効果にいちばん喜んで下さったのがうれしかった。

開票結果を待つ時の「怖さ」は例えようがなかった。そして、「当確」が出たときの喜びも。私たちは涙を流し、抱き合って、互いをねぎらい合った。義和氏は「沖縄のためにがんばれ、という叱咤激励がいちばんうれしく、また責務を感じた。自分は今期までのつもりだ。県議としての最後を全身全霊、命をかけて沖縄のために尽くしたい」と決意を語った。

## 燃えさかる「オスプレイ配備反対」　２０１２年６月30日記

６月15日の地元紙に「オスプレイまた墜落」の大見出しが踊った。米空軍のＣＶ22オスプレイがフロリダ州で訓練中に墜落、乗員五人が負傷したという。ＣＶ22は、普天間飛行場に配備予定のＭＶ22とほぼ同型で、ＭＶ22オスプレイはこの４月、モロッコで演習中に墜落し、海兵隊員二人が死亡、二人が重症という惨事を起こしたばかりだ。

前日（14日）の報道では、米海兵隊が実施した環境審査（レビュー）書（防衛省が13日、沖縄県、宜野湾市、浦添市に提出）のデータによると、オスプレイは沖縄県内全域を飛行し、伊江島での年間訓練回数が現行機種より四千回も増えることが伝えられている。文書の地図には、沖縄だけでなく岩国基地やキャンプ富士での訓練、九州、四国、東北など全国に及ぶ飛行ルートが示されているという。

これでもか、これでもかと言わんばかりに危険性の発覚が相次ぐ中で、６月17日に宜野湾海浜公園で開催された「普天間飛行場へのオスプレイ配備等に反対し、早期閉鎖・返還を求める宜野湾市民大会」には保革を超えた五二〇〇人が結集し、怒りと断固拒否の決意を新たにした。

「空飛ぶ棺桶」「未亡人製造機」という悪名を裏書きする事故を次々と引き起こすオスプレイは、そもそもが無理の固まりのような機種だ。滑走路を使わずヘリのように離着陸ができ、上空では飛行機のように飛べるため、従来のヘリに比べて積載量は三倍、速度は二倍、航続距離は五倍という「（戦場での）理想」を追求したあげく、その「欲張り」と無理難題がたたって、史上最も不安定で危険な機種となってしまった。４月、６月のいずれの事故も、ヘリコプターモードから飛行機モードへ、あるいはその逆へと転換する「転換モード」の時に発生している。飛行モードのままでは着陸できない（プロペラが滑走路にぶつかってしまう！）ので、着陸の際にはヘリモードに転換しなければならないのだが、これがきわめて不安定で「危険なプロセス」なのだという。「（事故の）原因は操縦ミス」と発表されているが、機体の構造そのものに主原因があるのだ。

オスプレイには、さらに大きな欠陥がある。２０００年に一九人が死亡したＭＶ22墜落事故について米国防総省の「国防分析研究所」（ＩＤＡ）がまとめた内部文書（03年12月）に、同機は「オートローテーション」（自動回転）能力が欠如している、と明記されているという。オートローテーションとは、エンジンが停止しても降下による空気抵抗で回転翼を回転させ、揚力を利用して着陸することで、普通のヘリコプターはこれで安全に着陸できる。しかしオスプレイは、何らかのトラブルでエンジンが止まった場合、機体が重すぎてオートローテーションが効かないため墜落してしまうのだ。

いつ落ちてくるかわからない、こんな危険なものが恒常的に頭上を飛ぶのでは、たまったものではない。沖縄の全四一市町村がこぞって反対決議を上げ、6月の県議選で新しく生まれ変わった県議会も、最初の仕事として与野党全会一致の反対決議を行った。沖縄地元紙は連日、オスプレイの特集や関連記事を掲載し、居酒屋での話題すらこれでもちきりだ。先日、友人たちと行ったお店の隣の席で、「はぁ、なんで沖縄に『平和学習』に来るばぁ？　こんな危険なところによぉ。オスプレイも来るというし、ますます危険になるんだよ。他府県のほうがずっと平和だよ」と息巻いている人がいて、思わず「ヤイビーンドォヤ～（そうですよね～）」と声をかけてしまった。

沖縄県民がどんなに抗議しても、反対しても、日米両政府とも「安全だ」と言い張り、普天間飛行場へのオスプレイ配備に向けて、膨大な費用をかけた補修工事を計画している（米側は日本に八年間で二〇〇〇億円の負担を要求）。しかも、米本国では守られている軍用飛行場の安全基準（滑走路の延長線上にクリアゾーン＝土地利用禁止区域、ＡＰＺ-１＝事故危険区域Ⅰ、ＡＰＺ-２＝事故危険区域Ⅱを設定し、住宅や学校、病院などがあってはいけないとしている）が、沖縄では全く守られていない。

今年４月、沖縄選出の糸数慶子参議院議員が「普天間飛行場の管理運用及び安全戦に関する質問」として、「クリアゾーン、ＡＰＺ-１、ＡＰＺ-２の存在を承知しているか。普天間飛行場において、上記は設定されているか」と問うたのに対し、政府は「概念の存在は承知しているが、これらは米国政府が作成した文書における概念であり、その他のお尋ねについて、政府としてお答えする立場にない」と回答している。あまりにも沖縄をバカにした答弁に、書き写す手が怒りで震えてくる。米国の安全基準は外国の基地においても「相手国の求めがあれば検討する」と決められているにもかかわらず、日本政府は求めてさえいないのだ。

そんな政府が「（沖縄県民に）理解を求める」と繰り返せば繰り返すほど、「沖縄蔑視・差別」への怒りは燃えさかる一方だ。日米政府は、県民の怒りをガス抜きしようというわけか、直接沖縄に搬入する計画を変更し、まず山口県岩国基地に一二機を搬入する予定だが、秋までに普天間基地に配備・運用する（最終的に二四機）方針は変えていない。

## 県民VS政府・基地誘致派・右翼

２０１２年８月19日記

米軍普天間基地所属の軍用ヘリが、隣接する沖縄国際大学に墜落・激突した事故から八年目を迎えた８月13日、普天間基地周辺の空に色とりどりの風船が揚がった。宜野湾市の女性グループ「カマドゥ小たちの集い」と普天間爆音訴訟団が呼びかけたもので、五〇個の風船を買い求めた市民らが、自宅やそれぞれの場所で高く揚げ、普天間基地の固定化、オスプレイ配備への反対を意思表示した。市民による抗議集会・デモも行われた。

沖国大では大学主催の集会をはじめ、事故を題材にした演劇などが行われ、事故を風化させないことを誓った。政府は、７月末に岩国基地に陸揚げしたＭＶ22オスプレイを９月にも普天間に移駐し、10月に本格運用するとしているが、もしそうなれば学業にも大きな支障を来すことは確実だと、同大は配備に反対する声明を発表した。

８月５日に予定されていた「オスプレイ配備に反対する県民大会」は台風襲来のため延期されたが、改めて９月９日（日）の開催が決定し、過去最大規模の参加者を目標に準備が進められている。わざわざ訪米してオスプレイに試乗し、「快適だった」と述べた森本防衛大臣のパフォーマンスや、ハワイではオスプレイの下降気流による自然環境への影響を懸念して訓練計画を中止したなど米軍の二重基準が、県民の怒りをますますかきたてている。

オスプレイ効果？と言うべきか、わが北部でも画期的な出来事があった。オスプレイ配備を前提とする辺野古新基地計画に対して、沖縄島北部の一二市町村で構成する北部市町村会は７月31日、全会一致で、辺野古移設及びオスプレイ配備撤回を求める決議を行った。これまで、振興策との関係で辺野古移設を支持してきた同会が、姿勢を逆転させたのだ。それは、「基地と引き替えの振興策」から「自己決定権」へと大きく潮目が変わったことを示す象徴的な出来事だった。

一方、このような沖縄社会の動きに危機感を持った政府・民主党、基地誘致派、右翼勢力が入り乱れ、あるいは結束して、これまでにない動きを見せている。

北部の基地誘致派は、先の決議に対して北部市町村会へ抗議に行き、また8月8日には右翼勢力と協同で「辺野古区民の真実の声を全国に広げる市民集会」なるものを開催した。現職時代に辺野古基地建設を受け入れた島袋吉和・前名護市長が「振興策は基地とリンクしている。基地誘致は名護市民の悲願」などと演説したが、一二〇〇人収容の名護市民会館大ホールに集まったのは約二五〇人。ほとんどが外部からの動員で、辺野古区民も誘致派の名護市議も不参加。実行委員として挨拶した伊佐真一郎氏は沖縄駐留軍労働組合（全駐労を割った第二組合）の相談役で、「日米安保と地位協定が沖縄を守る」とぶち上げた。この集会の協賛には「沖縄対策本部（中国と左翼から沖縄を守る、と主張しているらしい）」や「ブログ：狼魔人日記」などの右翼団体が名を連ねている。

「在特会」による辺野古の座り込みテントへの破壊攻撃については前述したが、最近も、米海兵隊キャンプ・シュワブのフェンスに結んだ平和のリボンやバナーを切り裂いたり、「ゴミだから撤去した」（日の丸のステッカーを貼った車に乗ってきた男性が、抗議に対して言った言葉）、「汚らしいため、今後も定期的に清掃します」（「辺野古の環境を考える会」名で送られてきたファクス）等の嫌がらせなど、平和を求める表現行為への攻撃が頻発している。また、名護市内至る所に、幸福実現党や「尖閣諸島と日米安保を守る県民の会」「辺野古漁港の不法占拠を許さない名護市民の会」等々を名乗る「オスプレイ配備阻止は自殺行為」「沖縄を第二のチベット、ウイグルにするな」「不法占拠を応援する稲嶺進名護市長をリコールせよ」などの横断幕が張り巡らされている。辺野古には「プロ左翼はやまとに帰れ」などというのもある。先日、那覇に行った帰り、「県民大会をボイコットせよ」と書かれた横断幕も見た。

これらの背後には、辺野古集落内に設置された沖縄防衛局名護事務所や、前原誠司政調会長らが定期的に名護を訪れて基地誘致派との密談を重ねるなど、政府・民主党の意思が直接・間接に働いていることは明らかだ。

このような動きは今のところ、沖縄社会で大きな勢力にはなっていないが、8月15日の尖閣諸島上陸事件を機にエスカレートする懸念を払拭できない。中国や「北朝鮮の脅威」を煽りつつ、自衛隊の沖縄配備や日米両軍の防衛協力が進められていることも要注意だ。

## 一〇万人余が集まった「オスプレイ配備反対県民大会」

２０１２年９月10日記

９月になっても沖縄の陽射しはまだまだ厳しい。朝から抜けるような青空が広がり、照りつける太陽が島を灼くようだ。

９月９日午前８時過ぎ、私は名護市久志支所前から、「オスプレイ配備に反対する沖縄県民大会」

が開催される宜野湾海浜公園に向かうバスに乗り込んだ。名護市が県民大会参加者のために市内各所に配置したバスの一つだ。同乗しているのは、この一五年間、手を携えて基地建設に反対してきた地域の仲間たち。目の前に、「米軍普天間基地代替施設（辺野古新基地）」の建設が計画されている大浦湾が、今日は穏やかな表情を見せている。「県民大会、もう何度目だろうね」「みんな年取ったね。早く終わりにしたいね……」そんな会話を交わしながら、宜野湾へ向かった。

バスが会場に近付くにつれて渋滞が激しくなる。前も後ろもぎっしりとバスの列だ。歩道は、赤い服、赤の帽子やリボン、スカーフ、鉢巻きなど、大会シンボルカラーの赤を身につけた老若男女で埋め尽くされている。幟やプラカードを掲げた固まりがゆっくり前進しているように見える。

大会実行委員会が、開会10分前時点で発表した参加者数は一〇万一千人。その後も続々と人波が会場に押し寄せ、公園の緑の芝生が見えないほど赤に染まった。陽射しを避けてあちこちの木陰に集まっている人々は、上空を旋回している報道各社のヘリでも数え切れないだろう。子どもたちを連れた家族ぐるみの参加が多く、赤い風船があちこちに上がっている。車椅子での参加、杖をついたり歩行器具を携えたお年寄りの姿も少なくない。赤の色は、沖縄県民の声を一顧だにしない日米両政府に対する「レッドカード」であると同時に、六七年前の激しい地上戦でこの地に夥しく流された血の色でもある（宜野湾は沖縄戦の時の最激戦地の一つだった）。

## 「誇りあるウチナーンチュとして」

午前11時、大会が始まった。永山盛廣・沖縄県市議会議長会会長が「断腸の思いを込めてここに座った県民のオスプレイ配備撤回と普天間基地撤去を求める思いが、燎原の火のように燃え広がることを願う」と開会宣言。司会から、宮古・八重山大会が同時開催されていること、この大会がテレビ・ラジオを通じて全県に実況中継されていることが報告された。

大会共同代表の一人である翁長雄志《おながたけし》・沖縄県市長会会長（那覇市長）は「ハイサイ、グスーヨー、チュウウガナビラ（皆さん、こんにちは）」とウチナーグチで切り出し、次のように挨拶した。「これだけの反対を押し切ってオスプレイを強行配備するのは、戦後の銃剣とブルドーザーで土地を強制接収したのと何も変わらない構図が今日まで続いている証しだ。これまで、基地か経済かという形で分断されていた県民の心が今、一つになった。それは、誇りあるウチナーンチュとしてのアイデンティティに裏付けられた揺るぎない信念となっている。沖縄は戦前、戦中、戦後を通じて充分すぎるほど日本に尽くしてきた。もう勘弁して下さいと日本国民全体に訴えたい。県民の意思をハナから一顧だにせず、茶番劇、出来レースを繰り返す日本政府には主体性も当事者意識もない。しかし日米政府の権力は絶大であり、気を許せば沖縄の弱さも出てくる。沖縄の子どもたちが大きく羽ばたいていけるよう、心を一つにしてチバラナヤーサイ（がんばりましょう）」。

照屋義実・沖縄県商工会連合会会長は「県民が総力を上げて普天間基地返還を求めている時にオスプレイの配備は言語道断。自立経済への努力を打ち砕き、中小企業の厳しい経済環境に追い打ちをかけるものだ。県民のオールスクラムで阻止しよう！」、仲村信正・連合沖縄会長は「日本に復帰して四〇年経つが、沖縄はまだ米国の植民地か！　オスプレイ配備阻止、普天間基地撤去で沖縄解放を勝ち取ろう！『抑止力』や『地理的優位性』などの言葉に惑わされてはならない。日米地位協定の抜本見

オスプレイ配備に反対する沖縄県民大会（2012 年９月９日、宜野湾海浜公園）

横断幕を広げて並ぶ宜野湾市議団（同）

直しを！」と訴えた。

知事欠席に「裏切り者！」の怒号

自民党沖縄県連を含む与野党の説得にもかかわらず「市民運動と行政は立場が違う」として大会を欠席した仲井眞知事はメッセージを寄せたが、紹介されたとたんに「いらない！」「やめろ！」「裏切り者！」などのヤジや怒号が飛んだ。司会が「ご静粛に」「ご理解下さい」と制したが、代読の声はついに聞き取れなかった。一方、若者代表として沖縄国際大学生の加治工《かじく》綾美さんが発した「未来へのメッセージ」は、参加者の温かい大きな拍手に包まれた。

「八年前の沖国大ヘリ墜落の時、私は中学一年生だったが、大学を取り巻く基地の状況は今も変わらない。騒音で中断される授業はあってはならない。若者の未来を考える上でオスプレイの配備は考えられない。沖縄のきれいな空は、アメリカのものでも日本政府のものでもなく県民のもの。これ以上沖縄を犠牲にすることを許さない。基地のない明るい沖縄の未来を切り開くために、若者としてがんばることを今日、ここに決意する」。

平良《たいら》菊・沖縄婦人連合会会長は、「子や孫を守るために、これまでにない強い決意で結集した。私たちは耐えるだけ耐えてきた。もう限界を超えている。森本大臣は、沖縄の反対は関係ないと言っているが、これ以上の差別は絶対に許さない。普天間をはじめ沖縄のどこにも殺人マシンを飛ばさせない」と声を振り絞った。それは、県民共通の叫びだ。「犠牲」「構造的差別」という言葉がどの発言者からも異口同音に発せられたことも、今大会の大きな特徴だろう。

開催地である宜野湾市の佐喜眞淳市長は、「1996年のSACO合意の原点は普天間基地返還による基地負担軽減・危険除去だったはずなのに今日、普天間基地の固定化が懸念される事態になっている。いつになれば普通の生活ができるのか。6月17日に五二〇〇人の市民が参加して早期閉鎖・返還を求める市民大会を開催したにもかかわらず無視され、オスプレイ配備への準備が進められている。私は日米安保条約を認める立場だが、地元の市長として基地の集中は断じて認められない。住宅密集地に墜落したら誰が責任を取るのか⁉　国民全体に応分の負担を求めたい」と述べた。

彼が「安全性の担保のないオスプレイ」と繰り返し、決して「危険な」と言わないのが気になった。「安全性の担保」があれば受け入れてもいいという含みがあるのか？　という思いがよぎる。それは仲井眞知事に対する「不信感」にも通じるものだ。

## 高江からの発言を入れるべきだった

大会参加者の多くが不満を持ったのは、これほど強いオスプレイ反対の意思が示されながら、今まさに東村高江で強行されているオスプレイパッド建設工事についてまったく言及されなかったことだ。大会発言者の中に高江の代表が入っていないことは、画竜点睛を欠く、という以上に残念なことだった。

政府が目論んでいる「10月のオスプレイ本格運用」に何としても間に合わせたい沖縄防衛局による夜討ち朝駆けの奇襲攻撃に連日さらされ、疲れた心身を鼓舞して会場入りした高江住民や支援者たちは、チラシを配ったり、「高江をすくえ」「高江をまもれ」というボードを掲げて大会参加者たちに訴えていた。超党派の集会だから、賛否両論のあるものは避けたということなのかもしれないが、むしろ超党派だからこそ、賛否のいずれをも盛り込むことができたのではないか。実際、日米安保反対の人も賛成の人も参加し、発言しているのだから、それができないはずはない。

そんな思いを共有していた参加者が多かったのだろう、それまで発言者の誰一人触れることのなかった「高江」という言葉を、最後の閉会挨拶を行った加藤裕・沖縄弁護士会会長が初めて口にし、「オスプレイを普天間の空にも嘉手納の空にも、そして高江の空にも絶対に飛ばさせない！」と語ったとき、会場から割れんばかりの拍手が起こったことを報告しておきたい。

付け加えておきたいことがある。実はこの日の午後、仲井眞知事は名護漁港にいた。8〜9日に名護市で行われた沖縄県総合防災訓練に参加するためだ（ちなみに、稲嶺進名護市長は防災訓練を抜けて、家族ぐるみで県民大会に参加した）。県民大会の帰りにその場を通りかかった友人は、自衛隊の航空母艦を停泊させ、除染車まで動員したその訓練を「恐ろしかった。防災訓練に名を借りた軍事演習だ」と言った。彼女が撮った写真を見せてもらったが、迷彩服の自衛隊員や軍用車両が大がかりな野営訓練をしているように見える。県民大会は欠席し、自衛隊訓練に参加するところにも仲井眞知事の「危うさ」が現れているような気がする。「次の防災訓練には米軍も参加するのかもね」と彼女に言ったのは、決して冗談ではない。

## 民意をあざ笑う防衛大臣来沖に抗議

２０１２年９月15日記

オスプレイ配備反対県民大会の翌日、私は名護市史編纂《へんさん》係の仕事で、戦争体験を聞き取りするために名護市羽地地域の三人の八〇代女性にお会いした。話は、沖縄戦から現在、昨日の大会に及び、彼女たちは口々に、「一〇万人どころじゃないよ。会場には行けなかったけど、みんな同じ気持ちだよ」「(拳を振り上げながら) テレビの前で、一緒にこうやっていたよ」と語ってくれた。

赤いシャツを着て仕事をした人、自宅ベランダに赤いハンカチを広げた人……。そんな人たちが至るところにいる。県民大会会場で一斉に掲げられた「OSPREY　NO」の意思表示は、参加できなかった人々も含めた県民の総意なのだと、改めて実感した。

そんな県民の思いをあざ笑うかのように、県民大会のわずか二日後の11日、森本防衛大臣が来沖した。日米両政府は既に、4月のモロッコでのオスプレイ墜落事故は「人為ミスだった」で片づけているが、この日は、6月の米フロリダ州での事故の「調査結果を知事に伝えるために」来たという。

平日の午後にもかかわらず県庁前には二〇〇人以上の県民が駆けつけ、県民大会と同じ赤の装いで、日本政府とオスプレイに「レッドカード」を突きつけた。県民大会などまるでなかったかのように、「安全性に問題はない」という報告をしにわざわざ来る大臣だけでなく、県民大会には欠席しながら防衛大臣には会う仲井眞知事に対しても不信と怒りが渦巻き、県庁周辺には一時間以上にわたって「沖縄を虚仮《こけ》にするな!」「防衛大臣は今すぐ出て行け!」「知事は県民の先頭に立て!」などのシュプレヒコールが響き渡った (森本大臣はこのあと佐喜眞淳・宜野湾市長と面談。それ以外の基地所在市町村長らは予定されていた会談を拒否した)。

13日には、「日米両政府は、我々県民のオスプレイ配備反対の不退転の決意を真摯に受け止め、オスプレイ配備計画を直ちに撤回し、同時に米軍普天間基地を閉鎖・撤去するよう強く要求する」大会決議を携えて、県民大会実行委員会の代表団四四人が上京し、森本防衛大臣、玄葉外務大臣、藤村官房長官らに要請行動を行ったが、案の定、政府がそれを「真摯に受け止め」ることはなかった。案の定、というのは、大会決議も既に、「県民の声を政府が無視するのであれば、我々は、基地反対の県民の総意をまとめ上げていくことを表明する」と述べており、県民の誰もハナから政府に期待などしていないからだ。

県民大会の発言者が異口同音に「この大会はオスプレイ配備阻止への第一歩、出発点」と語ったように、問われているのは今後、どのような実効ある動きを作っていくのか、いけるのか、ということだ。県民大会では大会実行委員会の玉城義和事務局長から行動提起が行われ、各市町村・各地域における配備反対の集会、普天間基地ゲート前での（週一などの）定期的な集会、署名運動など創意工夫をこらして全県で運動を起こしていこうと提案された。もちろん私たちは、それらを行動に移すつもりだ。しかしながら、県民大会を単なる「通過儀礼」として鼻であしらい、県民のどんな意思表示も無視して、規定方針通りオスプレイの配備、本格運用を強行しようとしている日米両政府の姿勢を変えていくのは容易ではない。

9月2日付『琉球新報』は、オスプレイについて同社が全国都道府県議長を対象に行ったアンケート結果の解説で「米軍基地や安全保障の問題で当事者意識を放棄し、国の専管事項との意識が変わらないことが、沖縄の過重な基地負担の改善が進まない大きな原因でもある」、また、翌3日付同紙で大田昌秀・元知事は「民主主義の多数決原理で沖縄が差別される構造になっている」と述べている。このような構造を作り出している日米安保条約を、全国民が当事者として問い直さない限り、日米両政府は、例え何十万人集まったとしても沖縄県民大会など無視して恥じないだろう。

今回の県民大会には沖縄県民だけでなく、全国から多くの参加があった。オスプレイは沖縄だけでなく全国で訓練飛行を行うことから、「踏まれる者の痛み」が共有され始めている。これをさらに広げ、深化し、オスプレイを含む基地問題は断じて「沖縄問題」ではないことを全国民が共有すべきだ。

## 巨大台風の後、さらなる災難が襲来

２０１２年９月24日記

９月15～16日、台風16号が猛威をふるった。沖縄気象台が「過去最大級の厳戒態勢」を呼びかけた８月末の台風15号よりさらに強い（９００ヘクトパスカルまで勢力を強め、沖縄本島最接近時点でも９１０ヘクトパスカルだった）台風の接近を前に、私は、プレハブの我が家から近くの公民館に避難した。

台風の眼に入って風雨が静まった16日午前六時半頃、公民館の建物の外に出て様子を見てみると、公民館周辺の道路は冠水し、公民館の向かいにあるゲートボール場のトタン屋根が吹き飛んでいる。避難仲間たちと「うちも浸水しているかも……」などと心配していると、近所に住む九三歳で一人暮らしのＫさんが、公民館に逃げてきた。濡れた腰のあたりを示し、「ここまで水が来た。六時までは何ともなかったのに、あっという間に上がってきた」と疲れた顔だ。畳を上げようとしたが一部屋しかできなかったという。まだ畑にも出る元気なおじいちゃんなのでよかったが、普通のお年寄りだったらパニックになっていたのではないだろうか。

過去最大規模の巨大台風の最接近と大潮の満潮が重なるという最悪のタイミングが、この地域に甚大な被害をもたらした。海に面した集落が特にたいへんだった。名護市久志支所のある瀬嵩やその隣の大浦は集落全体がプールと化し、古い家はほとんど床上・床下浸水したという（公民館を含め新しい家は基礎を高くして建ててあるらしい）。瀬嵩で名護市議の東恩納琢磨さんが運営する「じゅごんの里」のカヌーが、孤立したお年寄りを救出して公民館に運ぶなど大活躍し、消防署に感謝されたと話していた。

私の住む三原は、近隣の集落と違い、山側に少し入っているので被害は比較的少なかったが、それでも、川を伝って押し寄せた潮が排水口から逆流し、川に近い家は浸水した。隣の汀間《ていーま》では、海沿いのお墓（死者の魂は海の彼方のニライカナイに帰るという信仰のある沖縄では、古いお墓は海に向かって作られている）の口が波で開けられ、骨が流されるという前代未聞のことが起こった。瀬嵩、汀間、嘉陽《かよう》で橋の架け替え工事中だった仮設橋はすべて壊され、嘉陽では道路も大きくえぐられた。

台風は年中行事だし、停電や断水も復旧したので日常が戻っているが、このところ強くなる一方の台風には不気味さを感じてしまう。自然のサイクルが狂ってきているのではないかと思わざるを得ない。そして、その原因はおそらく、私たちの人間活動にあるのだ。地震や津波も含め自然の猛威にどう対処するかを考えることは、私たち人間の生き方を根本から問い直すことと同時でなければならないと思う。

台風は去ったが、私たちにはホッとする暇もない。どんなに苛烈であっても必ず通り過ぎる台風と違う、もう一つの災難が、まもなく沖縄に襲来しようとしているからだ。日米両政府発のこの災難は、この島への居座りを目論んでおり、島のどこにも「避難」できる場所はない。

日米両政府は19日、オスプレイの「（高度制限などの）安全確保策」で正式合意し、森本防衛大臣と玄葉外務大臣が「安全宣言」を発表した。21日から岩国基地で試験飛行を行い、今月中には沖縄へ移動するという。翁長雄志那覇市長は怒りを込めて「岩国基地で引き受けて欲しい。日本は沖縄に甘えている」と、新任挨拶に訪れた武田博史沖縄防衛局長に迫った。

県民大会以降、政府との対決姿勢を強めている仲井眞知事も、県が防衛省に提出したオスプレイに関する一〇〇以上の質問に対して「ほぼ無回答」のまま「安全宣言」を出したことに反発を強め、「安全と言っても、現に落ちているではないか」と「政府への強い不信感をまくし立てた」（9月20日付『琉球新報』）。森本防衛大臣が23〜24日に予定していた来沖は、知事も各市町村長も面談を拒否したため中止となり、代わりに知事自らが24日に上京して、防衛大臣に「配備計画は絶対に認められない」と配備の中止を求める要請を行った（野田首相は国連総会出席のため不在）。

「安全宣言」が発表された19日、それと符帳を合わせるように、高江では、県民大会後一時中断されていたオスプレイパッド建設工事が再開された。この間、人手の手薄な早朝に作業員を工事現場に潜り込ませたり、陽動作戦（あるゲートから入る振りをしてそこに住民らを引きつけ、別のゲートから重機を入れる、など）を使って、防衛局と業者、警察が一体となった、なりふり構わない工事が強行されてきた。オスプレイの10月本格運用に何としても間に合わせるため、今後さらにエスカレートすることが懸念される。

やきもきしながら、私も多忙でなかなか高江に行けないでいるが、高江で、一〇万人とは言わないまでも、せめて数千～一万人規模の集会が持てないのだろうかと思う。わが名護市では、稲嶺市長が市民大会開催の意向を示している。

## 新たな「屈辱の日」――オスプレイ強行配備

２０１２年10月７日記

２０１２年10月1日、沖縄に新たな「屈辱の日」が加わった。一〇万人以上の県民が結集して「オスプレイ配備反対」を日米両政府に突きつけた9月9日の県民大会から一ヵ月も経たないこの日、日米両政府は島ぐるみの猛反対にもかかわらず、事故頻発の欠陥機・オスプレイを普天間基地に強行配備したのだ（当初9月28日の予定だったが台風襲来で延期）。

配備に反対する県民・市民らは27日から、接近する台風の風雨の中で非暴力直接行動を敢行した。普天間基地のゲートに車両を並べ、29日には野嵩《のだけ》、大山、佐真下《さました》の三つのゲートを完全封鎖した。30日、米軍の要請を受けた警察機動隊に「ごぼう抜き」され、肋骨骨折や青あざだらけになり、警察車両に囲まれた「野外留置場」に三時間以上も監禁されながらも、四日間にわたって基地機能を麻痺させたのだ（30日深夜、野嵩ゲートを封鎖していた最後の車両が警察のレッカーによって排除された）。

10月1日朝、私はヘリ基地反対協や辺野古テント村の仲間たちと一緒に普天間基地野嵩ゲートへ向かったが、その途上で反対協共同代表の安次富浩さんの携帯電話に、岩国からオスプレイが飛び立ったとの情報が入った。岩国でも抗議行動が行われているようだ。ゲート前には「オスプレイ反対」の赤いゼッケンを着けた県議・市議（名護市議団の姿もあった）らが列をなし、たくさんの幟《のぼり》が林立し、風船が上がっていた。

「オスプレイがオーシッタイ（名護市北部）の畑の上を低空で飛んでいった」「辺野古の座り込みテント前の海上を通り過ぎた」と連絡が入る。ゲート前に駆けつける人々がどんどん増えていく。通り過ぎる車から手を振ったり、クラクションで合図する人も多い。私たちの前に立ちはだかっている若い制服警官や、ゲートの内側にいる基地警備員もほとんどがウチナーンチュだ。彼らは無表情を強いられているが、心の中はどんな思いでいるのだろう……。彼らの後ろには米軍兵士が並んで立っている。

午前11時過ぎ、野嵩ゲートからは見えなかったが、最初のオスプレイが滑走路に着陸したとの情報に怒りの声が湧き上がった。こみ上げる悔しさを、シュプレヒコールに込める。正午頃までに六機が着陸。議会に戻った県議団はこの日、全会一致で緊急抗議決議を行った。

### 「オスプレイ配備撤回」名護市民大会開かれる

配備二日後の10月3日、名護市役所中庭で「オスプレイ配備に反対する名護市民大会」（主催：「オスプレイ配備に反対する沖縄県民大会」名護市民実行委員会）が開催され、緊急の呼びかけに応えて集まった一千人余の市民が怒りを共有し、オスプレイ配備撤回に向けた決意を固めた。

主催者挨拶を行った稲嶺進名護市長（実行委員長）は次のように述べた。

「9・9県民大会、県民大会実行委員会による東京行動、普天間基地ゲート前での座り込み抗議行動と、県民・市民が声を大にして日米両政府に反対を訴えてきたにもかかわらず、オスプレイが強行配備された。それも、前の晩に電話一本で通告するという血も涙もないやり方だ。憤りを通り越して悲しくなる。

　沖縄県民は日本人ではないのか、日本に民主主義はないのか、という我々の問いかけに、総理大臣も防衛大臣も能面のように表情すら変えない。県議会、県知事、四一市町村議会と、保守・革新を越えたオール沖縄の声にも聞く耳を持たない。日本はサンフランシスコ講和条約で沖縄を切り捨てたが、その構造的差別がまたしても、改めて県民を切り捨てた。

　県民大会で、今日をスタートとして各地域で大会を開き、波状的に行動を起こしていこうと提起されたが、その一番手がこの名護市民大会だ。私

2012年10月3日、オスプレイ配備撤回名護市民大会。緊急にもかかわらず、1000人の市民が参加

は今日、市内各地を回って集会への参加を訴えてきた。もっと大きなたたかいになるよう、今後とも先頭に立ってリードしていく。配備されたものを一日も早く撤回させるまでがんばろう！」。

県民大会実行委員会事務局長の玉城義和氏（名護選出の県議会議員）は「怒りを持続させ、かつて、黒い殺人機と言われたＢ52の撤去を勝ち取ったように、ウチナーンチュの本当の力を見せつけよう。名護からオスプレイ撤回に向けた大きなうねりを作っていこう！」と呼びかけ、七〇万人達成をめざす県民署名運動や県民投票も視野に入れることを提案した。

名護市婦人会の比嘉サダ子会長、名護市老人クラブ連合会の崎浜秀徳副会長の決意表明のあと、若者二人が決意表明。名護高校の又吉朝太郎さんは、「一〇万三千人が集まった県民大会のあとの強行配備に悲しくなった。今、県民に足りないのは若い人たちの意思表示や団結だ。若者が現実に目を向け、向き合わなければならない。未来のために、反対の意思を示す必要がある。強い意思で『ノー』と言おう！」。

また名桜大学の与古田《よこた》健伍さんは、「沖縄の県民性は温厚で恥ずかしがり屋と言われるが、思っているだけではなく、しっかり言える環境が必要だ。オスプレイは戦地に兵士や武器・弾薬を運ぶ。守礼の邦《くに》・沖縄が人殺しをやっていいのか？（会場から『ダメー！』と声が上がる）人殺しの手伝いはしたくないと、もっと声を上げよう。悔しさをバネにして、みんなが幸せになれる沖縄を作っていこう！」と呼びかけ、大きな拍手を浴びた。

多忙を縫って駆けつけた沖縄選出参議院議員の糸数慶子さんの挨拶のあと、名護市区長会の古堅《ふるげん》宗正副会長が、オスプレイの配備撤回と普天間基地の閉鎖・撤去を求める「大会決議文」を提案し、満場一致で採択された。

このような県民の切実な思い、県議会や県内四一全市町村議会の度重なる反対決議、県知事をはじめ島ぐるみの猛反対を一顧だにせず、政府は6日までに、岩国基地に陸揚げされていた一二機のオスプレイ全てを普天間基地に移駐した（最終的には二四機配備予定）。

県民の反対を歯牙にもかけない強行配備の裏には、「世界一危険な」普天間基地をオスプレイ配備でさらに危険にすることによって、「一刻も早い移設を」の声を引き出し、辺野古移設を進めようとする日米両政府の意図が透けて見える。名護が再び、三たび、矢面に立たされる日が遠くないことを考えておく必要があるだろう（ほんとうは、もう勘弁して〜！と悲鳴を上げたいのだけれど……）。

## 「空飛ぶ凶器」と「歩く凶器」に挟み撃ち

2012年11月7日記

県民の猛反対と抗議を押し切って強行配備された米軍の垂直離着陸機オスプレイは、私たちの予想に違わず、のっけから協定違反を繰り返し、（住宅地の上ではやらないと言っていた）ヘリモード・転換モードによる住宅地の飛行、夜間訓練やバケツ等を吊り下げての低空訓練など、昼も夜も沖縄全域を我が物顔で飛び回っている。日米が合意したはずの「安全基準」は初っぱなから無視され、普天間（宜野湾）はもとより、伊江島からも金武町からも住民の悲鳴が聞こえる。不快な騒音に思わず空を見上げながら「いつか必ず落ちる……」と恐怖に怯えているのが県民の日常だ。

とりわけ、普天間基地をはじめ伊江島、キャンプ・ハンセンやキャンプ・シュワブなどの中部訓練場、高江を含む北部訓練場など離着陸帯のある近辺の騒音や低周波音は基準値を遙かに超えている。キャンプ・シュワブに隣接する国立沖縄高専は、校舎のすぐ隣にある離着陸帯にオスプレイが頻繁に飛来するため、授業に大きな支障を来しているという。普天間基地とフェンス一つを隔てるだけの普天間第二小学校はなおさらだろう。子どもたちの学習はもちろん成長にも悪影響が出るのが心配だ。

配備後の10月５日、住民の反対を蹴散らしながらオスプレイパッド建設工事が進行する東村高江を訪ねた。オスプレイが幾度となく旋回を繰り返し、ホバリングやタッチアンドゴーなど、やりたい放題を尽くしているのを目の当たりにした。高江の女性が「オスプレイは低周波がすごいと聞く。そのせいか体調がおかしい。もうここには住めなくなるかも知れない……」と悲痛な表情で語っていたのが胸に突き刺さった。

９日に上京してオスプレイ配備撤回を要請した仲井眞知事に対し、野田総理大臣は「（配備への）理解」を求め、森本防衛大臣は「米国に配備撤回を求める意思はない」と切り捨てた。

そんな中の10月16日に起こった米海軍兵士による集団強姦致傷事件。米本国基地から輸送任務で嘉手納基地に来ていた二人の米兵が二泊三日の沖縄滞在の最後に、飲酒後の帰り道、たまたますれ違った沖縄の女性を背後から襲った許し難い性暴力事件だ。被害者の訴えが即座になされたため加害者は逮捕されたが、もし少しでも遅ければ、彼らは次の任務地であるグアムへ飛び去っていただろう。事件を知らしめた被害女性の勇気に感謝するとともに、彼女の心身がケアされることを私たちは何よりも願っている。

森本防衛大臣が、この事件を「事故」と呼んだことは、日本政府の沖縄に対する蔑視・差別意識をさらに強く印象づけた。

県民の怒りの爆発を恐れて、米軍は全在日米軍兵士に対する夜間外出禁止令（夜11時〜午前5時）を発令したが、その直後の11月2日、外出禁止時間に泥酔した空軍兵士が民間アパートに侵入して大暴れ、寝ていた男子中学生を殴打してケガを負わせる事件が発生。外出禁止令など何の効果もないことを証明した。この中学生が心身に受けた傷は大きいが、多くの、特に女性たちは、「もしも、そこにいたのが男の子でなく女の子だったら……」と身震いした。

11月6日に那覇市の教育福祉会館ホールで行われた「米兵による集団強姦致傷事件に抗議し、オスプレイ撤去を求める女性集会」には県内五二の様々な団体・グループ（政治的立場を超え、文化活動、消費者運動なども含めた幅広い分野を網羅）が名を連ね、会場に溢れんばかりの三五〇人が参加した。沖縄を植民地扱いし人権蹂躙する米軍への怒りが渦巻き、全米兵の基地外行動の禁止、日米地位協定の改正、オスプレイの撤退、全基地の撤去を求める決議文を採択した。先着三〇人を受け付けた一人二分間のリレースピーチ（私も、ヘリ基地いらない二見以北十区の会として発言。名護からは、いーなぐ会＝稲嶺市政を支える女性の会もスピーチした）では、軍隊の持つ構造的暴力と女性差別、米軍はもちろん、それを支え助長している日本政府への怒りが異口同音に表明され、「安保条約破棄」「もはや独立しかない」との訴えに拍手が起こった。

「空飛ぶ凶器＝オスプレイ」と「歩く凶器＝米兵」に空と陸を挟み撃ちされた県民は安眠することさえできない。問題解決のためにはすべての基地の撤去しかないという声がますます高まっている。

## 自公圧勝＝衆議院選の惨憺たる結果を超えて

２０１２年12月17日記

衆議院選の投票日が近付くにつれて「選挙後が怖いね」というのが、友人たちとのもっぱらの話題だったから、おおよその予想はしていた。しかしながら結果は、その予想さえはるかに上回る惨憺たるものだった。沖縄の基地問題は争点の一つにすらならず（全国的にはもちろん、沖縄でも、幸福実現党を除くほとんどの候補者が県内移設に反対する姿勢を示したため争点にならなかった）、脱原発をはじめ、これまでの政治・経済・社会のあり方の見直しをつきつけた「３・11」の教訓が選挙にほとんど反映されなかった。自公で三二五議席（自民党だけで二九四）という驚くべき数字は、民主党政権に対する絶望と鉄槌の現れであると同時に、有権者の多様な選択を許さない小選挙区制の恐ろしさを示している。

次期総理大臣に就任するであろう安倍晋三自民党総裁は、彼が掲げる「憲法改正」「国防軍の創設」などを、数を頼みに実行に移していこうとするだろう。五四議席（民主党五七議席に次ぐ）を獲得した日本維新の会がそれに同調（助長）し、反対の声はかき消されていくのではないか。この数があれば、「民主主義（多数決）」の名の下にどんな悪法もどんどん作ることができる。石原慎太郎が火を付けた中国との摩擦や南北朝鮮とのぎくしゃくした関係が新政権によってますますこじれ、日本は再び「いつか来た道」＝戦争への道を急速に転がり落ちて行くのではないか……。

投票結果に暗澹とした16日深夜、目覚めたら消える悪夢であって欲しい、と願って床についたがなかなか眠れず、今朝起きて、やはり現実なのだと思い知らされた。

沖縄の4選挙区は、社民党の前職・照屋寛徳さん以外はすべて自民党候補が当選。民主党はほとんど票を取れず全滅した。前回選挙と真逆だ。選挙区で落選した共産党の前職・赤嶺政賢さん、自民党の新人・宮崎政久さん（これで自民党候補は全員当選）が比例代表で返り咲き、民主党を脱党した日本未来の党の前職・玉城デニーさんは昨夜の段階では落選かと思われたが、今朝のニュースで比例当選が報じられた。衆議院四八〇議席中四七九番目というぎりぎりで、当選が確実となったのは午前5時前だったという。

下地幹郎《みきお》氏の落選は、多くの人が当然だと思っただろう。建設業界出身で、一定のカリスマ性も持つ彼には熱烈支持者も少なくないが、今回、流れを見るに敏な業界は自民党候補に流れ、現職大臣の肩書きも功を奏さなかった。一般市民から見ると、主張がくるくる変わって信用できないというのがおおかたの印象だ。選挙直前、下地氏の顔写真に「辺野古移設白紙撤回」と書いたポスターが貼られているのを見て、目を疑った。つい先日まで「（政権の一員として）受け入れる」という姿勢だったのに「あきれるね」と、かえって不信感を募らせただけだった。

投票率は全国的にも59％余で、戦後最低を記録したというが、沖縄はそれをも下回る56％で過去最低。中央政治への不信は沖縄がより強いことを示した。その中で気になるのは比例代表における県内の得票数だ。自民党（一二万四一四九）、公明党（一〇万三七二〇）に続いて日本維新の会が九万六四九〇票を獲得しており、これは共産党（四万九六一一）、民主党（四万九〇三三）の二倍に達する（ちなみに、社民党七万八六七九、日本未来の党三万七四八八）。維新の会が４選挙区すべてに出した候補者は全員、落選したものの、ほとんど無名ながら各一万票以上（多い人は二万票近く）を獲得した。年齢・性別など、どういう層が支持したのかわからないが、「入れたい人や政党がない」受け皿がそこに流れていくのは見過ごせない。

今後、沖縄への逆風は民主党政権以上に強まることを覚悟しなければならないと思う。尖閣諸島問題を利用して、宮古・八重山への自衛隊配備や、日米両軍の一体化（日米合同演習が辺野古に隣接する米軍キャンプ・シュワブでも行われている。演習にはオスプレイも使われる）に拍車がかかるだろう。先日の朝鮮による人工衛星（「ミサイル」）発射をめぐる空騒ぎも、実効性より、軍事的なものや「非常事態」に県民を慣らしていこうとする意図が濃厚だ。

当選した自民党候補は全員が「県外移設」を公約にしたが、それは辺野古移設を早く進め、「日米同盟を強化・深化」したい党中央＝新政府の思惑と真っ向から対立する。今後強まるであろう中央からの圧力に抗して、「沖縄の利益」をどこまで守れるのか。

仲井眞知事は選挙前、「どんな政権になっても（県外移設の）主張を変えない」と言っていた。彼が二年前の知事選で、「県内移設容認」から「県外移設」へと大きく梶を切ったのは、彼の選挙母体である自民党県連に（県内移設容認では選挙に勝てないと）説得されたからだと聞く。知事が辺野古移設反対の姿勢を今後も貫けるかどうかは自民党県連の姿勢にかかっていると思う。その意味では、知事はもちろん自民党県連が揺るがないよう、今後、よりいっそう「辺野古移設ノー」の県民意思を強く、広く、表していく必要がある。

もう一つ大きいのがあと一年余後に迫った名護市長選だ。基地を押しつけたい、あるいは受け入れたい勢力は、辺野古基地建設反対の姿勢を堅持している稲嶺市長を何としても引きずり下ろそうと、すでにあの手この手の策略をめぐらして動いている。名護市長が容認派に替われば、「地元が受け入れたから」という口実で、もともと容認派だった知事は容易に主張を変える（もとに戻す）と見込んで、新政権は「稲嶺下ろし」の攻勢をさらに強めてくることは間違いない。

今回の選挙で、名護市の有効投票約二万五千の半数近くが自民党新人の比嘉奈津美さん（3区当選）に入っている。それは、名護市の保守の固定票と言われる数にほぼ匹敵している。沖縄県歯科医師会副会長というだけで政治の世界では

「オスプレイはいらない!」の願いを込めて開催された第14回満月まつり。
2012年11月24日、二見以北の「わんさか大浦パーク」特設会場にて

全く無名の新人がこれだけの票を取れるのは、言うまでもなく組織が動いたからだ。日本未来、共産、民主の候補者の得票数を合計してもそれに及ばない。国政選挙と市長選は別物だし、比嘉さんも「県外移設」を公約にしているので、これが市長選にそのまま反映するとは思わないが、状況が極めて厳しいことは確かだ。今回、投票に行かなかった人や浮動票（維新の会に流れた票も含め）をどのように起していくかが、この一年の最大の課題だろう。

辺野古基地建設のための埋め立て申請を知事が拒否しても、政府はそれを代執行する権限を持っている。もし政府が強行するなら、埋め立て阻止のたたかいが起こってくるのは必至だ。それを彼らも見越しているのだろう、２００４～０５年にかけて海底ボーリング調査を阻止した海上行動のようなことは二度とさせないというつもりか、海上保安庁が動き出している。先日も、辺野古の座り込みテントで、見学に訪れる人たちの海上視察用に使っている小船に対する抜き打ちの検査や事情聴取と称する嫌がらせ（船とは何の関係もないテント村の様子をあれこれ聞き出そうとする）があったという。

そんなこんなも含め、来年はまさに正念場の年になりそうだ。三年余り前、民主党政権の誕生で、長かったこの問題もやっと解決すると喜んだのが嘘のようだ。先の見えないたたかいをこの先、どのくらい続ければいいのかと気分が滅入ってくるが、12月とは思えない、この二～三日の温かい（というより暑いくらいの）陽射しを受けて青く冴えわたる辺野古の海を眺めていると、もう少し頑張ろうという気持ちが湧いてくる。ミサゴ（あの禍々《まがまが》しい軍用オスプレイでなく、本物のオスプレイ）が悠々と滑空し、白サギが餌を求めて舞い降りる、何ものにも代え難いこの豊かさを、子や孫に残したいと改めて思う。

## またしても年末の暴挙

２０１２年12月20日記

あきれ果てた暴挙だ。「12月18日午後３時半、沖縄防衛局が辺野古アセスの補正評価書を県庁に運び込んだ」とのニュースに耳を疑った。５分前に県に連絡があり、防衛局職員二〇人で運び込んだ。事前に連絡しなかったのは「混乱を避けるため」だという。昨年末の評価書提出阻止行動のようなことをさせないための姑息きわまりないやり方だ。彼らの体質がよく現れており、今さら驚くにも値しないが、民主党政権の死に際の「最後っ屁」と、汚い表現もしたくなる。

仲井眞知事は「(政権交替の)この時期に提出するとは」と疑問を呈したが、県は形式審査ののち19日に受理した。これによってアセスの手続はすべて終了し、埋め立て承認申請の段階に入る。補正評価書はこれから一ヵ月間、公告・縦覧されるが、これに対して意見を言う術はない。

埋め立て申請は、12月16日の総選挙で政権復帰することになった自民党政権の仕事になるだろうが、新政権発足は26日だから、これまでの防衛省のやり方を考えれば、ひょっとすると年末ぎりぎりに埋め立て申請が行われる可能性も否定できない。今年もまたまた、気の抜けない年末・年始になりそうだ。

19日、久しぶりに高江に出かけた。このところ連日、早朝から作業が強行されており、これまではやらなかった土曜日の工事も行われ、建設予定の六つのオスプレイパッドのうち、民家にいちばん近い一ヵ所が、もうすぐ作られてしまいそうだという悲鳴にも似た知らせが届き、やきもきしながらなかなか行けないでいたのだ。この日は、北部訓練場（ジャングル戦闘訓練センター）のメインゲート前で10時から集会を行うとのことだった。

平日だったが、早朝から監視していた人々を含め七〇〜八〇人がメインゲートの入口に座り込んだ。中南部から駆けつけた人々もいる。人数が多いのを見越してか、今日は作業は行われていないという。

10時から座り込んで一時間余り経った頃、基地の警備員が呼んだらしい名護警察署員が数名来て、道路交通法違反だから立ち退け、と言う。しつこく言い立てるのを、みんなで歌を歌いながらかわす。警察が機動隊を出動させたらしい。機動隊到着前の午後1時前、座り込みを解いたが、約三時間にわたってメインゲートを「封鎖」し、その間、基地機能を停止させることができた（お昼には、おいしい猪汁を頂いた）。

この日の作業は止められたが、明日からまた再開されるかも知れない。「年内に一ヵ所は完成してしまうかもしれないが、子どもたちのためにあきらめず頑張っていきたい」という高江の住民の言葉が心に染みた。

高江、辺野古、普天間、それぞれでみんな頑張っている。もはや政権に期待するものは何もなくなった今こそ、一人ひとりの智恵と力を横に繋ぎ、自分たちの手で未来を作っていきたい。

## 歴史的な「沖縄一揆」に東京の冷たい風

２０１３年１月30日記

２０１３年１月27〜28日、「オスプレイ配備に反対する沖縄県民大会実行委員会」は、「オスプレイ配備撤回！　普天間基地の閉鎖・撤去！　県内移設断念」という県民の総意を日本政府と国民に届けるために東京行動を行った。一〇万人余の県民が結集した昨年９月９日の県民大会後まもなく行う予定だったのが、衆議院解散・総選挙によって年を越してしまったのだ。しかしその分、準備期間もできて、沖縄の全四一市町村長及び市町村議会議長、実行委員会を担う各分野の代表ら約一五〇人が行動を共にするという、沖縄の歴史上かつてなかった画期的な行動となった。

27日（日曜）には日比谷野外音楽堂で「ＮＯ　ＯＳＰＲＡＹ　東京集会」と銀座パレード、28日（月曜）には、沖縄の市町村長・議会議長全員が署名・捺印した四一枚の紙が添えられた「建白書」を携えて対政府要請（安倍首相をはじめ関係各省庁）を行った。「建白書」としたのは、もはや「要請書」の段階を超えたと、政府への異議申し立ての意味を込めたという。

私は、名護・ヘリ基地反対協議会からの派遣で27日の集会とパレードに参加したので、簡単に報告したい。

朝８時、那覇空港発の飛行機で、ヘリ基地反対協事務局次長の仲本興真《なかもとこうしん》さん、名護市議の東恩納琢磨さんと一緒に出発。東京に着いたとたん、温かい沖縄と15℃以上も違う冷たい風に身をすくめた。空港から向かったのは有楽町マリオン前。集会の行われる日比谷公園の近くだ。沖縄・一坪反戦地

「NO OSPREY 東京集会」で挨拶する翁長雄志・共同代表（那覇市長）
2013年1月27日、日比谷野外音楽堂にて

主会関東ブロックをはじめ東京で沖縄の基地問題に取り組んでいる市民団体が行う街頭宣伝（日比谷集会への参加を呼びかけるもの）に参加して、ビラ配りやマイクでの呼びかけを行ったのだが、行き交う人々の無反応、ビラを配る私たちがまるでそこにいないかのような無視ぶりは、風の冷たさよりももっと心身にこたえた。沖縄では見たことのないほど大勢の人がどんどん通るが、ビラを受け取ってくれるのは一〇〇人に一人いればいい方。沖縄では、少なくとも半分くらいの人が受け取ってくれるのと大違いだ。遠い沖縄の問題だから関心がない、というより、社会に何が起こっているのか一切関係ないという感じがして、背筋が寒くなったのは、冷たい風のせいばかりではなかった。

「銀座は特にひどいんですよ。他の場所ならもっとましです」と言いながら、それでも一生懸命訴え、ビラを配っている東京の仲間たちには、とても励まされたけれど。

## 沖縄の思いを受け止めた四千人の熱気

ビラ配りを終えて日比谷公園へ移動。右翼が集会の妨害に来るという情報があるとのことで、東京の仲間たちは早めに集会場へ向かったが、沖縄からの四人（私たち名護組三人と、普天間爆音訴訟団事務局長の高橋年男さん）は公園内のレストラン・松本楼で沖縄・一坪反戦地主会関東ブロック代表の上原誠信《うえはらせいしん》さんにお昼をご馳走になったあと会場入り。

早めに着いたので人はまだ少なかったが、沖縄から駆けつけた『沖縄タイムス』『琉球新報』の記者たちが号外を配り、沖縄地元テレビも取材陣をたくさん送り込んでいるのがわかった。羽田行きの飛行機の中で開いた沖縄二紙は、ほとんど全紙面が東京行動に向けた記事で埋め尽くされるほどの熱の入れ方だった。

集会開始時刻の午後3時が近付き、沖縄からの代表団一五〇人が壇上狭しと並ぶ頃には、会場は、東京だけでなく全国から駆けつけた人々で立ち見が出るほどに溢れ、参加者は「四千人以上」と発表された。

集会の司会を務めた照屋守之・実行委事務局次長は自民党の県議だが、「一四〇万県民を代表してここに来た」と開会挨拶。沖縄の民意が思想信条を越えて一つにまとまっていることを印象づけた。

実行委共同代表の翁長雄志・那覇市長（市長会会長）は挨拶の冒頭、「ハイサイ、グスーヨー」とウチナーグチで呼びかけ、「沖縄は変わった。日本も変わってもらわなければならない」と断じた。「沖縄は基地で食べてはいない。基地は経済発展の最大の阻害要因だ」「いったい沖縄が日本に甘えているのか、日本が沖縄に甘えているのか」……

これらは翁長氏が昨年の県民大会前後から繰り返し述べていることだが、多くの県民が自分たちの思いを代弁していると感じている。歴史的な大行動の中、東京のど真ん中で声を大にして改めて訴えたことは、極めて重要だと感じた。

玉城義和・事務局長（名護選出県議）は「今回の行動は平成の沖縄一揆だ。民主主義社会の中でこれ以上の意思表示はない。政府にはしかと受け止めていただきたい。この集会を皮切りに国民運動を起して欲しい。マスコミにはしっかりと伝えてもらいたい」と訴えた。

沖縄からの発言の一つひとつが大きな拍手と「よし！」「そうだ！」という共感の声に包まれ、最後の「がんばろう三唱」で最高に盛り上がった。そして、沖縄代表団を先頭に銀

集会後、沖縄代表団を先頭に銀座をパレードしました。
（2013年1月27日）

座パレードへ。私も「ヘリ基地いらない二見以北十区の会」の幟を掲げて歩いた。

## 右翼の罵声と構造的沖縄差別

歩き始めて驚いたのは、歩道を延々と埋め尽くして林立する「日の丸」「旭日旗」（なぜか一部には「星条旗」も見えた）と、それを掲げる集団から雨霰《あられ》と降ってくる、聞くに堪えない罵声だった。「非国民！」「中国の手先！」「売国奴！」「おまえたちは日本から出て行け！」、果ては「ゴキブリ！」「ドブネズミ！」「バ～カ！」「クルクルパー！」……。その対象となっているのが沖縄を代表する方々であることを考えると、やりきれない気持ちになった。なんて失礼な人たちなんだろう……。

私は車道側を歩いていたが、歩道側を歩いていた人は「いくらもらっているんだ？」と声をかけられたらしい。東京の仲間によると右翼にもいろいろな団体があって、「今日来ているのも複数の団体です」とか。その中には、辺野古のテントを壊しに来たり、辺野古や普天間で平和のバナーの切り裂き・持ち去りなどを行っているグループもいるようだった。

パレードの最初と最後を除いて、ずっとその罵声を浴びせられていると、「気にしない」と自分に言い聞かせながらも、暗澹たる思いが湧いてくるのを留めようがなかった。右翼の動きは近年、活発になってきて、若い人たちが増えているとのこと。一年後の名護市長選をターゲットに、名護にも今後、大挙して入り込んでくるのではないかという不安が募る。

その夜は東京の仲間たちとの交流会で盛り上がったが、解散間際、「明日の沖縄代表団の要請行動の時間に合わせて右翼が首相官邸前に集合をかけているので、それ以前にみんなで集まって、場所を右翼に取られないよう確保しよう」と、早朝からの行動が呼びかけられた。沖縄からの対政府要請行動は、こうした東京の仲間たちの奮闘に支えられていたことに心から感謝したい。

私は所用のため翌日の朝の便で帰沖しなければならなかったので、要請行動には同行できなかったが、アポを取れていなかった安倍首相が四分間だけ代表団に会ったと報道された。翁長・那覇市長をはじめ自民党沖縄県連の中心的な人々が先頭に立っているので、会わないわけにはいかなかったと思われるが、沖縄の悲願が、わずかなりとも安倍首相をはじめとする日本政府に伝わることはなかった。オスプレイの配備についても辺野古新基地建設についても、政府はこれまでの方針を一ミリも変える気配はない。

そんな沖縄への「構造的差別」をさらに感じさせられたのは、本土・中央マスコミによる東京行動の報道だった。28日朝、帰沖する前に見た中央紙のうち、『朝日新聞』が一面に銀座パレードの小さなカラー写真と社会面に簡単な報告、『毎日新聞』が社会面に写真入りの小さな記事（見つけるのに時間がかかった）を掲載したのはましな方で、読売新聞は一〇数行のベタ記事、産経新聞は報道なし。沖縄地元紙とのあまりの落差に愕然とし、これが現実なのだと思い知らされた。

それでも私たちはめげてはいない。政府の冷酷さ、国民の圧倒的無関心、右翼の攻撃、大手マスコミの無視をイヤと言うほど味わったが、それは、東京行動を行った人々をはじめ沖縄県民の結束をいっそう高めている。同時に、厳しい状況の中で沖縄と心を一つにして頑張っている全国の仲間が確実にいることも知り、励まされた。
十区の会結成以来一五年余。長いたたかいに疲れてはいるが、ここでへこたれては、これまで頑張ってきた意味がない。子どもたちと地域の未来のために、基地計画の撤回まで頑張っていきたいと、改めて思う。

[追記]
2月10日付『沖縄タイムス』によると、東京行動に参加した瑞慶覧《ずけらん》功県議は右翼の動きに対して、「県民の命と尊厳、ひいては日本人の誇りを取り戻す行動だったのに情けない。出て行けと言うなら『そうしましょう』と言いたくなるよ」と語っているが、それは多くの県民の思いとも重なる。日本の民主主義そのものが問われているにもかかわらず、相変わらず「(一地域である)沖縄問題」としてしか捉えない本土大手マスコミの(意図的?)鈍感さも含め、翁長・那覇市長の言うように「変わってもらわなければならない」。

# 第4章 ２０１３年２月～２０１３年12月

# オール沖縄VS安倍自民党政権

## 辺野古を埋めさせてはならない

### 辺野古違法アセス訴訟に不当判決!!

２０１３年２月22日記

「……いずれも却下する」「……いずれも棄却する」

裁判長の言葉に、原告席にいた私は耳を疑った。その瞬間、傍聴席も含め法廷が凍り付いたような気がした。

2月20日午後、那覇地裁で行われた辺野古違法アセス確認訴訟の判決公判。米軍普天間飛行場代替施設＝新基地建設が計画されている名護市辺野古の周辺住民をはじめ六二一人の原告が、事業者＝防衛省沖縄防衛局による環境影響評価（アセス）手続が違法だとして、手続のやり直しと損害賠償を求めた訴訟だ。辺野古移設の積極的な推進を公言する安倍晋三政権下で完全勝訴は期待できないと思ってはいたが、ここまでひどいとは！　絶句するしかない。

２００９年８月の提訴から三年半。その間、酒井良介裁判長は、「門前払い」を求める被告＝国の主張を退け、原告側が申請した証人をすべて採用するなど丁寧な審理を重ね、自ら現地調査も行った。そのような訴訟の進め方から、安倍政権誕生の影響を心配しつつも原告及び弁護団にはいささかの期待もあったのだが、それは見事に覆された。

「やり直し義務」「違法性の確認」請求を却下、損害賠償請求を棄却したその理由は、アセス手続における国民の意見陳述権は個別具体的な権利ではなく、法律上保護された利益にも当たらないので、それを侵害されたことを理由とする請求は認められない、という。それは国側の主張そのものであり、裁判長は、自ら退けたはずの「門前払い」に回帰したのだ。

海上自衛隊まで動員した違法な事前調査、オスプレイ配備や埋め立て土砂の調達、集落上空の飛行、滑走路の長さ、ジュゴンの評価など、多くの重要事項の後出し・隠蔽・途中変更などが行われ、専門家からも「史上最悪のアセス」と言われる実態が、酒井裁判長の訴訟指揮のもと、法廷で白日の下にさらされた。にもかかわらず、判決はその内容に一言も触れていない。三年をかけた審理は一体何のためだったのか、昨年8月の結審から判決までの半年間に何を精査し判断したのか、たくさんの「？」

不当判決の報告をする三宅俊司弁護団長（右）と安次富浩原告団長
（2013年2月20日、那覇地裁前）

マークが頭を駆けめぐる。

この判決は、三年間をかけて行ってきた裁判を、裁判所自らが否定したということであり、そこには、国からの相当の圧力があったと推測せざるを得ない。安倍首相の訪米（22日）直前の時期に、「辺野古移設推進の決意を伝える」というオバマ大統領への「お土産」に水を差すような判決は何としても避けたかったのだろう。

これはあくまで私の個人的な想像に過ぎないが、自己否定とも言える判決を言い渡す酒井裁判長は、平静をよそおってはいたが、心中、悔しさと自嘲の複雑な心境だったのではないか。昨年8月の結審から判決まで半年の期間を置いたのは、その間の政治情勢の変化（政権交替）を見ながら判決を決めるという自己保身のためだったとも思えるが、それにしても、自らの訴訟指揮自体を否定して「国家権力に屈服」した（させられた）悔しさはあるだろうと思う。もちろん、本来の「三権分立」ならそこを越えるべきなのだけれど。

怒りが渦巻く地裁前報告集会で、弁護団長を務める三宅俊司弁護士は「入口ですべて棄却した判決は絶対に許せない。裁判所が政府と一体となって、形式判断だけで逃げた」と指摘した。四〇名を超える弁護士たちが手弁当で尽力し、その中で若い弁護士たちが育ってきたという意味でも画期的な裁判だが、誠心誠意、全力を傾けてきた弁護団にとっても許し難い判決だったと思う。

原告団長の安次富浩さん（ヘリ基地反対協共同代表）は「事業をするためのアセスだということが証明されたが、基地を造らせないことが県民意思だ。一歩も引けない」と決意を新たにした。アセス専門家でもある桜井国俊・沖縄大学教授は「環境を守ること自体への『死の判決』だ。現場の勝利で覆していこう」と呼びかけた。

私も思わずマイクを握り、「この判決は日本政府から沖縄への宣戦布告だ。訴えは却下されたが、訴訟の中でアセスのでたらめさが証明されたことは今後の大きな力になる。手弁当で頑張って頂いた弁護団に心からお礼を申し上げたい。一五年前、名護市民投票の民意が当時の市長によって裏切られたとき地獄に堕ちたが、一五年間頑張って、今や、辺野古移設反対がオール沖縄の意思になるまでにこぎ着けた。辺野古の基地は絶対に造れない。これからも頑張りましょう！」と訴えた。

原告団及び弁護団が当日発表したこの判決に対する声明は、不当判決に抗議するとともに、次のように述べている。

「……環境影響評価の名にも値しない手続が行われ、裁判所もその違法を宣言する機会を回避したことは、我が国の環境保護行政、司法の遅れを示している。

もっとも、今回の判決は意見陳述権の権利性が論点となったものであり、辺野古の環境影響評価手続を適法と判断したものでないことには、十分に留意すべきである。

このまま違法な環境影響評価手続が放置され、辺野古に普天間代替施設の建設が進められることになれば、我が国の環境保護政策は大きく後退する。沖縄県民が過剰な基地負担を被っている現状にもかんがみ、国は、辺野古への普天間代替施設の建設を断念すべきである。

なお、仮に国から辺野古の公有水面埋立承認申請がなされた場合でも、沖縄県知事は、当該申請が適法な環境影響評価手続を経たものでない以上、承認することは許されない」。

こんな不当判決をそのまま放置するわけにはいかないと、原告及び弁護団は控訴する方針を固めている。

## 稲嶺市長激励会VS辺野古移設促進大会

２０１３年２月26日記

２月20日夜、稲嶺進市長就任三周年激励会が名護市屋内運動場（通称：ドーム）で開催された。次期市長選まで一年を切り、稲嶺市政三年の実績（市民目線、子育て環境の改善、基地がらみの交付金に頼らない地域づくりなど）に対する高い評価がある反面、ネガティブキャンペーンや水面下での追い落とし工作が激化しつつある。普天間基地の辺野古移設を何としても強行したい安倍政権にとって地元市長の強固な「反対」は最大のネックだ。ここさえ落とせば、将棋倒しに県（知事）を落とせると踏んでいるのだろう。地元「誘致派」や幸福実現党を含む右翼勢力を動かしながら、稲嶺市長を何とか引きずり落とそうと躍起になっている（既に「実弾（カネ）が飛び交っているよ」という話も聞いた）。

そんな中で三周年激励会にどれくらいの人が集まるかは一つの試金石だった。実行委員会の目標は一千人。私は早めに会場に行き、準備の手伝いをしていたが、まずは出足の良さにホッと一息。開会後も後から後から会場入りする人々が引きも切らず、参加者用の食べ物（オードブル）が足りなくて、私たちスタッフはあたふたとかけずり回らなければならなかった。参加者は、名簿記載者だけで一二〇〇人を越え、会場は大いに盛り上がった。

ただ、気になるのは、今回に限ったことではないが参加者の年齢層が高く、若者の参加が少なかったこと。激励会の一週間前に行われた稲嶺市長による「市政報告会」（市議会与党のニライクラブなどが主催）も、六〇〜七〇代が中心で、三〇代以下の若者の姿は皆無だった。政治の貧困が若年層にしわ寄せされ、生活に追われてゆとりがないことを表しているのだろうが、だからこそ、そういう政治の貧困を打破していく主体となって欲しいと思うのだけれど……。

次の市長選は、若年層をどちらが制するかが鍵になるのではないかと私は考えている。前回選挙での彼我（稲嶺進氏VS島袋吉和氏）の票差はわずか一五〇〇票。八〇〇票を動かせば勝敗は逆になる計算だ。次回はさらに熾烈な攻防となるだろう。

「基地誘致派」の中で、現市長への対立候補者の一人として、名護市出身の四〇代の経産省官僚の名前が取り沙汰されていると聞く。表向きは候補者はまだ決まっていないということだが、水面下で何が進行しているかはわからない。「若さ」を売り込み（われらが稲嶺市長は六〇代後半だ）、基地問題を争点からはずして「経済問題」で若者を引きつけ、当選した暁には基地を受け入れる、というシナリオが容易に想像できる。そんな手に乗せられないために、こちらも早く「若者対策」を考える必要がある。

稲嶺市長激励会に対抗するように、翌21日夜、「辺野古移設促進名護市民大会」なるものが名護市内のホテルで開催された。主催者発表の参加者は一千人ということだが、報道によれば、「（これまで）条件付き容認で歩調を合わせてきた市議会の会派『礎の会』の市議や辺野古区の代表らはほとんど姿を見せなかった」（2月26日付『沖縄タイムス』）。参加者のほとんどが企業動員と思われる「作業服で駆けつけた建設業関係者」で、荻堂《おぎどう》盛秀・北部地域振興協議会会長と島袋吉和・前市長（同会常任顧問）は「中国の脅威」を理由に、国防や日米同盟の強化のための「移設促進」を訴えたという。

幸福実現党や右翼に近い彼らの主張が浸透していないことに正直ホッとしているが、安心はできない。来年1月の市長選まで、気の抜けない日々が続きそうだ。

## 埋め立てでなく、生活できる海を取り戻そう

２０１３年3月6日記

政府・沖縄防衛局は2月26日、辺野古新基地建設に向けた埋め立てへの同意申請書を名護漁協に提出した。報道によると、同漁協の古波蔵《こはぐら》廣組合長は「99％同意できると思う」と述べている。漁業補

償については既に交渉が継続中という。同意の理由は、「埋立予定区域は米軍演習区域で自由な漁業活動ができない」から、とのことだが、それなら、戦争（殺戮）のための演習海域を、生命活動と生産の場として取り戻していくのが筋ではないか。海の恵みによって生きてきたウミンチュが、補償金と引き替えに自らの存在基盤を否定しようとしていることが悲しい。稲嶺名護市長も「新しい基地ができたら半永久的に続く。負担は子や孫たちに引き継がれる。一時的な補償のために受け入れていいのかよく考えて欲しい」と述べている（3月1日の定例記者会見で。『琉球新報』）。

一方、辺野古海域に隣接する宜野座《ぎのざ》漁協は、埋め立てや基地建設によって漁場が悪影響を受けると反対の姿勢を明らかにした。八年前、リーフ上埋め立て（現在の沿岸建設計画の前の計画）に反対する私たち住民・市民の海上阻止行動に、「ウミンチュが海を守らなくてどうする！」と駆けつけてくれた近隣ウミンチュの中心を担ったのが宜野座のウミンチュたちだったことを、感慨深く思い出す。海を知り尽くした彼らが応援に来てくれたおかげで、ついにリーフ上案を中止に追い込むことができたのだ。

「陸の皆さんが海を守ろうと必死で頑張っているのに、海で生活している自分たちが手をこまねいているのは恥ずかしい」と、あるウミンチュは語っていたが、海はウミンチュだけのものではなく、これから生まれてくる未来世代を含むすべての人々の共有財産だ。漁協が同意すれば埋め立てができるという現在の法体系そのものを変えていくと同時に、心ならずも補償金に頼らざるを得ないところにウミンチュを追い込んだ構造を変えていく必要があると思う。

地上戦と米軍占領、復帰後の乱開発によって沖縄の自然はズタズタにされ、海が本来の豊かさを失ったのに加えて米軍演習区域に取られ、ウミンチュの生活基盤は脅かされてきた。そうやって追い込んでおいて、補償金で埋め立てを迫るやり方に、強い怒りを感じざるを得ない。今こそ、海も陸もみんなが心を一つにして「魚が湧く」と言われたかつての豊かさを、漁業で生活できる海を取り戻していきたいと切に願う。

## 新基地建設中止を求めてウミンチュが決起

2013年3月20日記

3月16日、辺野古海域に隣接する宜野座・金武《きん》・石川の3漁協（第7号共同漁業権の漁場＝宜野座〜旧具志川地先で漁業を営む）は合同で「辺野古地先海域の米軍専用飛行場建設に反対する漁民大会」を開催した。名護漁協は3月11日に臨時総会を開き、賛成多数で埋め立てへの同意を可決した。名護漁協は基地計画が持ち上がった当初から受け入れの姿勢であり、古波蔵廣組合長は「代替施設推進協議会（現在は、代替施設安全協議会と改称）」の会長を務める「バリバリの推進派」なので、今さら驚きはしないが、海の恵みによって生きてきたウミンチュが「カネで海を売る」ことに、やりきれない思いを拭えない。

そんな中で、ウミンチュにあるまじき名護漁協の動きに黙っていられないと、近隣ウミンチュが立ち上がったのだ。

2005年のボーリング調査阻止行動の頃にも集会を開いたことのある懐かしい宜野座漁港へ、久

新基地建設に反対する漁民大会（2013年3月16日、宜野座漁港にて）

しぶりに車を走らせた。早くも夏を思わせる青空と陽射しのもと、会場（漁港の船揚げ場）には色鮮やかな大漁旗がはためき、ウミンチュたちの心意気を示していた。「宝の海を守ろう」「埋立反対」「ジュゴンは泣いている！」などの横断幕やプラカードが林立している。

各漁協の組合長や青年代表、成人代表、漁協職員代表らが壇上に立ち、「（第7号区域は）関係ない」と言う防衛局に対する怒りを込めて、口々に、埋め立てによる汚染や藻場の消失、潮流の変化が大きな悪影響を及ぼすと語り、主権者として漁場や海を守る権利があると主張した。

中でも感銘を覚えたのは、青年代表の仲地《なかち》譲さん（宜野座漁協）の訴えだった。彼は「父の背中を見て、ウミンチュになろうと思った」と語り、「埋め立て工事や米軍ヘリの低空飛行で漁場が破壊される。影響が出てからでは遅い。若い世代が希望を持って漁業ができるよう、未来の子どもたちに海を残すため、埋め立てに反対する」と力を込めた。「ウミンチュ魂」が次世代に確かに引き継がれていることを実感し、うれしくなった。

3漁協の代表は19日、沖縄防衛局を訪ね、「生きる権利を奪われるわけにはいかない」と、「基地建設計画の即刻中止」および「不条理な日米地位協定の抜本改定」を求める大会決議文を手交した。

海に境界はなく、埋め立てが行われれば、辺野古周辺だけでなく東海岸一帯の海域生態系が破壊される。今回、ウミンチュが立ち上がった意味は大きく、私たちに大きな勇気を与えてくれたことに感謝したい。

## 埋め立て申請強行提出

2013年4月6日記

3月22日、沖縄防衛局は、名護漁協の埋め立て同意書が得られたとして、辺野古新基地建設に向けた沖縄県知事への埋め立て承認申請を強行提出した（提出先は、名護市にある沖縄県北部土木事務所）。月末提出か、と報道されていた中での抜き打ち提出に、県民の怒りが噴出した。2月22日の「米国詣で」の際、オバマ大統領に約束した「3月中の申請」を守るためには、沖縄の声は一顧だにしない、力ずくで踏み潰してもよいという安倍政権の姿勢を露骨に示したこの暴挙に、稲嶺進名護市長は「まかりならん！」と怒りを表明し、仲井眞知事は「（建設は）不可能だ」と語った。

県知事、名護市をはじめ県内四一全市町村が反対する中で、提出の五分前に電話連絡、各メディアの記者たちが待ち受ける一階出入り口を避け、人目につかない地下駐車場から上がり、担当課でない窓口に段ボール箱を置いて一〜二分で立ち去る、というコソドロ的なやり方は、失笑とともに県民蔑視への怒りをいっそうかき立てた。26日、名護市議会は、埋め立て申請強行提出に抗議する意見書を可決した。

## 子どもたちの未来のために〜申請撤回を求める緊急市民集会

春の嵐が全国的に吹き荒れ、沖縄の島々もバケツをひっくり返したような大雨に見舞われた４月５日夕刻、名護市民会館で「〜子どもたちの未来のために〜　辺野古埋め立て申請の撤回を求める緊急市民集会」（主催＝与党市議団を中心とする実行委員会）が開催された。当初予定の市民会館中庭から中ホールに場所を移して行われた集会には、悪天候にもかかわらず主催者の予想を上回る一三〇〇人が参加。名護市民はもちろん、普天間基地を抱える宜野湾をはじめ県内各地の市民、国会議員、県議会議員、各市長村議員などが続々と駆けつけ、会場から溢れガラス戸越しに参加した人も少なくなかった。

西川征夫《いくお》・副実行委員長（辺野古・命を守る会代表）の開会挨拶のあと、実行委員長の比嘉祐一・名護市議会議長が挨拶に立ち、「（３月22日、不意打ちで埋め立て申請を強行した）政府のやり方は断じて容認できない。名護市議会はこれに抗議する意見書を可決した。稲嶺市長をしっかりと支え、市民が一体となって撤回を求めていこう！　日米両政府の差別的態度を許さず、埋め立て申請撤回、辺野古移設撤回に向けて行動を起そう！」と呼びかけた。

次に、（私と共に「ヘリ基地いらない二見以北十区の会」の共同代表を努める）渡具知智佳子さんと武清さん夫妻の長男である武龍《たけりゅう》さん（この春、名護高校に見事合格し、新一年生となる）が意見表明。１９９７年＝名護市民投票の年に生まれ、基地反対を貫く両親を見ながら育ってきた彼は「人殺しの基地を造るのが間違っていることは子どもでもわかる。子どもたちはいつも大人たちの行動を見ている。ウチナーンチュの誇りと美しい自然を守るためにこれからも頑張る」と力強く語り、会場を埋めた人々に大きな感銘を与えた。

太鼓と指笛、満場の拍手に迎えられて挨拶に立った稲嶺進市長は、冒頭で「先ほどの武龍くんの話に目がうるうる、感激した」と述べたあと、次のように語りかけ、訴えた。

「私たちはこの間、日本政府から、市民感覚、というより人間感覚として理解できない仕打ちを受けてきた。一昨年末の12月28日午前4時の評価書持ち込み、昨年12月18日の補正評価書提出も、この3月22日の埋め立て申請提出もすべて抜き打ち、不意打ちだった。これほどウチナーンチュを足蹴にすることが許されるでしょうか、皆さん！（「許されな〜い！」と会場）

1月28日の『建白書』もなかったかのように強行してくることに、憤りを通り越して悲しさ、空しさを覚える。表現仕様のない政府の仕打ちに対し、ウチナーのアイデンティティをしっかり示していかなければならない。

三年前の5月28日、（「最低でも県外」を公約した）鳩山政権が辺野古に回帰した日の緊急市民集会も今日のような大雨だった。今日の雨も、自然を冒瀆する者の仕業に天が怒っている、私たちの思いを天が代弁しているものだ。

私たちは負けなかった。この日が、新たなたたかいを構築し、沖縄の流れを変える始まりの日となった。2010年の名護市長選挙が県民の心を動かし、今のオール沖縄の状況を創り出した。沖縄は変わった。もう後には戻らないほど県民の心は一つになった。地元が頑張ったから県民の心を動かしたのだ。卑劣な方法で埋め立て申請が行われたが、今回も、地元から拳を上げて行動を起すことをみんなで確認しよう！

政府の閣僚たちが振興策をちらつかせ、負担軽減とか理解を求めるとか繰り返して頻繁に沖縄行脚をしているが、誰一人、名護市長に会いたいと言う人はいない（会場、爆笑）。なんでかね〜〜（会場、笑いと拍手）

市街地にある普天間基地を移設するという大義名分で、規模も機能もより大きく、軍港機能まで備えた新たな基地を造るのが負担軽減なのか！　よくも平気でそんなことが言えると思う。県民の声を聞くというが、あの耳には補聴器でなく耳栓をしている（会場、笑い。「そうだ！」の声）。そして帰る際には、辺野古しかない、と言って帰る。一七年間動かなかった、動かさなかった県民の力を知らない。

これからもたたかい続け、沖縄の心をウチナーンチュ自身がしっかり守り、それを日米両政府、国民に訴え続けていくことが我々の大きな課題だ。日本政府はもちろん米国にも行って、直接発信していかなければならない。

先日、お出かけ市長室で屋部小学校六年生に呼ばれたとき、子どもたちの方から、基地問題はどうなっているんですか、と聞かれた。子どもたちは関心を持ち、心配している。振興策や補償金をもらうのは大人だが、辺野古に基地ができれば、その負担を担うのは子どもたちだ。子や孫たちの世代に負の遺産を残してはいけない、誤った選択をしてはいけないと改めて感じた。

辺野古の海に新しい基地は造らせないということでスタートしたので、これからも信念を持って貫く。一歩も後に引くことなく、揺るがず、ひるまず、みんなとともに頑張ることをお誓い申し上げ、皆さんに感謝し、挨拶としたい」。

市長の話を聞きながら、私の脳裏をこの一六年間のさまざまな出来事が駆けめぐり、熱いものが込み上げてきた。この市長を選んで本当によかった！と心から思い、そして、これからも、ともに頑張っていけるという勇気をもらった。

埋め立て申請直後に共同通信が行った全国電話世論調査で、「申請を評価する」が55・5％という結果に愕然としたが、それは、政府とマスメディアが一体となった「辺野古移設が沖縄の負担軽減」という宣伝が功を奏していることを示している。六万市民のうち一〇〇人にも満たない名護漁協の「埋め立て同意」を大手メディアが意図的に繰り返し報道、反対漁民や県民の動きは無視し、名護市民が同意したかのような誤解を国民に与えているのだ。

そのような中で、埋め立て申請後、県内でも真っ先に、市長をはじめ名護市民の民意をはっきりと示した緊急集会の意義は大きかったと思う。会場の熱気が雨を吹き飛ばしたのか、いつの間にか雨もやんでいた。

## がってぃんならん！　4・28「屈辱の日」沖縄大会

２０１３年５月１日記

　１９５２年、サンフランシスコ講和条約の発効によって、敗戦国・日本が琉球列島を切り離して「独立」した４月28日を「主権回復の日」として、政府主催の式典を開催すると安倍政権が発表して以来、沖縄には激しい怒りと抗議の声が渦巻いている。この日は、沖縄から見れば「主権回復」とは真逆の「主権喪失の日」であり、日本国の天皇によって米国に売り渡された「屈辱の日」だ。それは、講和条約と同時に発行した日米安保条約による在日米軍の駐留、今日まで続く沖縄への米軍基地過重負担の始まりでもあった。

　４月28日午前11時開会の政府式典と同時刻、宜野湾海浜公園野外劇場で開催された「４・28政府式典に抗議する『屈辱の日』沖縄大会」は、煮えたぎる怒りを大会シンボルカラーの緑や、悲しみの色である黒や紺で表した人々で溢れた（この日、那覇市は濃紺の旗を、名護市は緑の旗を、それぞれ市庁舎に掲げた）。会場に入りきれず外で話を聞く人々も多く、参加者は一万人超と発表された（わが名護市からもヘリ基地反対協や稲嶺ススム後援会など多くの団体がチャーターバスを出した）。

　大会の冒頭、「（沖縄を）沖縄に返せ」のテーマ曲を参加者全員で合唱。開催に至る経過報告を行った仲村未央《みお》・実行委員会事務局長（県議会議員）は「この国に民主主義はあるのか！　日本政府によってまたも侮辱された。差別という以外にどんな言葉があるのか！　県議会は全会一致で抗議決議を上げ、実行委員会に一〇〇団体以上が結集した。人権・土地・海を自らのものとして回復していこう！」と訴えた。

連帯挨拶を行った名護市の稲嶺進市長は「我々の4・28と政府の4・28との落差は、がってぃん（合点）ならん！ 総理大臣も閣僚もまずは歴史を知らなければ、これからのビジョンを描けるはずがない。サンフランシスコ講和条約・日米安保条約・日米地位協定の三つはセットだ。いつも沖縄は切り捨てられ、交渉の道具に使われている。ちゃーすが（どうするのか）沖縄。黙っていては認めたことになる。声を上げ、行動しよう！」と熱く呼びかけた。

沖縄戦の体験、父や祖父の「集団自決」体験、米軍政下で女性・子どもたちの人権がどれほど蹂躙されてきたか、などが口々に語られた。中でも最大の拍手を浴びたのは、中部地区青年団協議会（沖縄島中部の一〇市町村の青年団で構成）金城薫会長の挨拶だった。彼は「日本政府に対する怒りよりも、4・28の事実を知らなかった自分たちに対するショックの方が大きかった」「壇上に立つかどうか迷ったが、学習を重ねる中で決意した」と述べ、4月28日を「若者世代に（歴史の経験と教訓を）知ってもらうきっかけになって欲しい」「『屈辱の日』ではなく、国民主権とは何か、未来とは何かを国民全体で考える日にして欲しい」と提起した。

1952年4月28日、沖縄とともに切り離された「兄弟島」である奄美からのメッセージ（奄美でもこの日、抗議集会が行われた）も紹介され、「再び沖縄切り捨てを行う政府式典への抗議」と「オスプレイ配備撤回」「普天間基地の閉鎖・撤去と県内移設断念」などを求める大会決議とスローガンが採択された。

最後は、実行委員会共同代表らの音頭で、「がんばろう三唱」ならぬ「がってぃんならん五唱」の拳を高く突き上げ、晴れ渡った空いっぱいに沖縄の声を轟かせた。

「寝た子を起した」と形容される4・28「主権回復の日」政府式典。4月28日は沖縄にとっての「屈辱の日」であるだけでなく、日米安保体制下、米国の属国としての日本がスタートした日であり、日本にとっても「屈辱の日」である。その実態を隠すために、安倍政権はことさらに「主権回復の日」と強がって見せているとしか思えない。政府式典では、予定になかった「天皇陛下、万歳！」まで飛び出し、「国と天皇のために死ぬ」ことを強要された時代に回帰しようとする安倍政権の体質があぶり出された。

私は、4月28日を、6月23日の『慰霊の日』に倣《なら》って、沖縄県民の記念日とすることを提案したい。毎年、慰霊の日前後には、沖縄戦とは何だったのかを学び、後世に伝え、二度と再び悲惨な歴史を繰り返さないよう平和学習が行われる。それと同様に、4月28日を、学校を含め県民全体で沖縄の戦後史を学び伝える日にしてはどうだろうか（それは、近年、形骸化も指摘される「慰霊の日平和学習」の再評価と見直しにも役立つかもしれない）。

沖縄が4・28を県民の記念日として強く打ち出し、日本の戦後史の根本からの問い直しを発信することによって、沖縄人よりもはるかに「寝た子」の多い日本人を「起す」ことにもつながって欲しいと思う。

間もなく四一年目の5月15日がやってくる。1972年5月15日、沖縄は日本に「復帰」したが、それは、「基地のない沖縄」の願いを踏みにじる新たな「屈辱」でしかなかった。4・28と5・15の意味が鋭く問われる中、沖縄では「琉球独立」の声も高まりつつある。

## 〈沖縄〉を創る、〈アジア〉を繋ぐ　２０１３年5月19日記

「（日本の）主権回復の日」と「（沖縄の）屈辱の日」がせめぎ合う4・28。「日本復帰」とは何であったかが問われる5・15。4月から5月にかけて沖縄では、戦後史を根本から問い直し、沖縄が今後進むべき道を模索する様々な催しが相次いでいる。

5月18日、那覇市の自治会館ホールで開催されたシンポジウム「〈沖縄〉を創る、〈アジア〉を繋ぐ」は、「復帰40＋1年&サンフランシスコ講和条約60＋1年」という副題にも示されるように、むき出しの米軍統治から日本に「復帰」しても変わらない「極東の軍事的要石」としての沖縄が、どのようにして占領と植民地主義を超え、アジアを繋ぐ思想を生み出していくかを問うた。

シンポでは、李鍾元《リー・ジョンウン》・早稲田大学教授（国際政治）が、「4・28は『戦後日本』の節目であり、『これまで』と『これから』を考える契機。本土でも沖縄との関係を考えざるを得なくなった。サンフランシスコ条約によって韓国・台湾・沖縄は冷戦の最前線に置かれた。現在の中国、朝鮮半島を含む東アジアの新冷戦を乗り越えるには、境界にいる人の声が大切。米国の力を利用しながら米国の枠を乗り越えた欧州の経験に学ぶところは多い。二一世紀の相互依存の中で『国境＝国家という垣根』は低くなっている。『地域』を創ることで『国家』を変えることができる」と語った。

丸川哲史・明治大学教授（東アジア文化論）は、原発と米軍を東アジア全体における「二つの暴力装置」

と位置づけるとともに、日本と沖縄、大陸中国と台湾の代表制の差異に触れ、「各地域で起こっている社会運動を結びつけるためには政治システムの違いを読みとることが必要」、尖閣問題については「中国は、領土権というより、日本が両属体制を壊したことに抗議している」と述べた。

八重山の郷土史家・大田静男さんは、尖閣問題を口実にした与那国島への自衛隊配備や、八重山防衛協会・幸福実現党等の動き、育鵬社版教科書の押しつけなど「戦争前夜」のような実態を報告した。「戦争がいったん起きれば終わりだ。爆弾やミサイルからの逃げ場のない八重山の住民は、死亡台帳の中に入っている。とにかく戦争はやってくれるな」という悲痛な訴えが胸に迫った。

映像批評家の仲里効さんは、「ニッポンは母国にあらず島人の心に流す血を見つむのみ」（「沖縄歌壇」4月28日）という歌を紹介しつつ、「今年の4・28を契機に、明らかに潮目が変わった。4・28を問うことは、同時に5・15を問うこと。日本からの離脱の意思が表れ、新しい思想と実践が起こりつつある」。沖縄の自立の思想的拠点として「自己決定権と構成的権力の扉をこじ開け、沖縄に内在するアジアへ向かおう」と提起した。

「復帰の日」である5月15日には、若手研究者らを中心とする「琉球民族独立総合研究学会」が設立され、独立の可能性への本格的な研究も始まった。沖縄が「独立」の方向を選ぶのか否かを含め、仲里さんの言う「日本と沖縄の非対称的な戦後」を双方が徹底的に検証することが、このシンポが目指した「東アジア分断の起源を解き放ち、新たな〈1〉、始まりのアジア」への道を拓くのではないだろうか。

# 辺野古埋立承認申請に三五〇〇通超の意見書

2013年7月20日記

政府・沖縄防衛局が3月22日に強行提出した辺野古の海の埋め立て承認申請に対し、沖縄県は、書類が不充分だとして三三項目の補正指示を出し、防衛局は5月31日、補正書類を県へ提出した。

沖縄・生物多様性市民ネットワーク（沖縄ＢＤ）などの市民団体は、県の補正指示に対して防衛局がどのように補正したのかがわかる対照表を出してから告示・縦覧することを、沖縄県の担当部局である土木建築部海岸防災課に要請したが、県はそれには応じず、形式審査を終えたとして、6月28日から告示・縦覧を開始した（私も同ネット会員として要請行動に参加したが、県の姿勢が、手続を早く進めたい政府に対して以前より弱腰になっているような印象を受けて、気になった）。

告示・縦覧が、県の出先機関（北部では沖縄県北部土木事務所）に加え、私たち市民の要請に応えて名護市役所本庁および久志支所を含む4支所で行われたことは名護市の積極姿勢を示すものとして評価したい。

三週間（7月18日まで）の縦覧期間中に、できるだけ多くの「利害関係人（自分がそうだと思う人は誰でも、というのが県の解釈）」の意見を沖縄県に届けたいと、沖縄ＢＤをはじめ日本自然保護協会、ヘリ基地反対協議会などの団体や多くの個人が、各種集会やイベントの場で、あるいはインターネットで積極的に呼びかけた。

7月3〜12日、沖縄の市民運動の招きでハワイ在住の海洋生物学者キャサリン・ミュージック博士が来沖し、辺野古・大浦湾の潜水調査、名護市・那覇市での講演会などを行い、「埋め立てで失えばサンゴは二度と戻らない。今あるものを守ろう」と訴えた。

かつて石垣島白保のサンゴ礁を埋め立てから守った世界的な海洋学者の講演が縦覧＝意見提出期間中に開催されるとあって、子どもたちを含む多くの市民が詰めかけ、日本語・沖縄語・英語を駆使したキャサリンさんの魅力的な語り口に耳を傾けた。彼女は、二年前まで住んでいた本部町や現在住んでいるハワイを含め世界各地のサンゴの劣化を映像で示し、辺野古・大浦湾のサンゴや海草藻場が「まだ健全であることに安心した。保護するためのラストチャンスだ」と熱く語った。講演の後、沖縄BDから意見書の書き方の説明が行われた（キャサリンさんも意見書を出して下さった）。

また7月15日には、日本自然保護協会が地元の「北限のジュゴン調査チーム・ザン」と協力して海域調査を行い、埋め立て予定海域に広大で健全な海草藻場（ジュゴンの餌場）があることを確認。これを潰してはならないと訴え、意見書提出を呼びかけた。

私たち「ヘリ基地いらない二見以北十区の会」では、名護市民、とりわけ地元住民の意見を多く出すことが重要になると、告示前から縦覧期間中にかけて、二見以北十区の各区長や事業者を訪ね、区民の生命と財産、子どもたちの未来を守る立場から、また、「埋め立て」や「基地建設」によって有形無形の影響を受ける事業者の立場から、是非とも県に意見を出して欲しいとお願いした。

要請文書には、意見を書きやすいように「例文」も添付したのだが、私の住む三原区の隣の汀間区では、私が作った例文をベースに区長が意見書を作り、部落常会で区民に諮って決議し、提出したとの報告を受けてうれしかった。三原区では、区出身の稲嶺市長就任後、彼を支えようと「基地はいらない三原区宣言」を決議しているが、それを添付した意見書を、区長が北部土木事務所に持参して提出した。

私は、沖縄県のホームページからダウンロードした意見書用紙や沖縄BDが作った用紙をいつも持ち歩いて、会う人ごとに意見書提出をお願いしたが、締切直前にダウンして、（出したかどうかの）最後の確認ができなかったのが残念だ。少し動けるようになってから、月に二〜三度通っている名護市内の整骨院に行ったところ、「意見書出しましたよ。ちょうど友だちが遊びに来たので、用紙をコピーして彼にも書いてもらいました」とのこと。「ありがとうございます」と言ったら、「いいえ、自分のことですから」。

多くの人々の、そんなこんなの努力の結果、沖縄県に寄せられた意見書は最終的に三五〇〇通を越え、埋め立て申請に関わるものとしては群を抜いて過去最多となったという。

## 私の意見書

以下は、私の提出した意見書である。

---

**私たちはこの一六年余、辺野古への基地建設に一貫して反対してきました。**
**静かな過疎地に突然降って湧いた基地建設計画に対し、地域住民をはじめとする名護市民は、政府によ**

るあらゆる圧力をはねのけて１９９７年12月、市民投票を実施し、「基地ノー」の意思をはっきりと表明しました。にもかかわらず、あくまでも基地を押しつけようとする政府による文字通りの「アメとムチ」によって地域は翻弄され、親子・兄弟、親戚までがいがみ合うほど、温かく緊密だった人間関係はズタズタにされ、防衛省予算によって真新しい施設が次々と建てられるのに反比例するように地域の零細企業は倒産し、過疎化はますます進行しました。

基地がらみの「金」が自分たちの生活を潤さず、地域の未来を拓かないことに気付いた住民・市民は２０１０年、「海にも陸にも基地は造らせない」と公約する稲嶺進市長（三原区出身）を誕生させました。基地問題によって分裂させられていた住民が心を一つにして地域を興していこうという機運が生まれ、ようやく軌道に乗り始めたところです。

埋め立て・基地建設は、私たちのそのような努力を台無しにし、再び、不安に苛まれるあの悪夢のような日々が繰り返されるのではないかと心配でなりません。

炎天下の、また寒風吹きすさぶ海上で、海岸テントで、政府・防衛局の理不尽で暴力的な調査作業強行に対峙した日々（全県、全国、また世界各地の心ある人々が駆けつけ、ともにたたかってくれました。海岸での座り込みは現在も続けています）。またある時には、ほとんど孤立無援にも感じる中で、襲いかかってくる絶望を払いのけながら、「基地反対」の灯をなんとか絶やさずにともしつづけてきた私たちの努力が実り、現在は政権与党である自民党の沖縄県連を含めてオール沖縄で「県外移設（県内移設ノー）」が明確に打ち出されていることは、私たち地元住民の大きな喜びであり、希望です。にもかかわらず、政府はそれらのすべてを無視し、足蹴にして、強引に手続を進め、着工前の最終段階に来てしまったことに、底深い怒りを抑えることができません。

しかしながら、仲井眞知事が繰り返し「県外移設の方が早い」と述べておられるように、県民の強い反対（敵意）に囲まれたこの計画は、一六年かけても、政府が調査の杭一本立てることさえできなかったように、そもそもが実現不可能です。知事は、辺野古新基地建設に関わる環境影響評価書に対して「生活環境及び自然環境を保全することは不可能」とはっきり述べておられます。その評価書にもとづく今回の埋立承認申請に対しても、地域住民・県民の生活と、未来の子ども達に引き継ぐべき沖縄の大切な宝である自然環境を守るために、埋め立て「不承認」と判断されることを、私は信じています。

知事の賢明なご判断によって、この無謀で無理な計画に最後のとどめを刺してくださいますよう、心よりお願い申し上げます。

以下の点に関して、さらに詳しい意見を述べます。

1）埋立必要理由書について

そもそもの始まりは、沖縄の基地負担があまりにも重いので、少しでも軽減するために「世界一危険な基地」普天間飛行場を返還するという話ではなかったのでしょうか。普天間基地は、1945年4月、沖縄に上陸してきた米軍が、もともと集落や肥沃な農地だった場所を、住民らが避難している間に勝手に接収して造った基地であり、無条件返還すべきです。「県内移設」を条件とすること自体が極めて理不尽（負担軽減どころか負担増になる）であり、その対象が、沖縄県の「自然環境保全指針」で「最も厳正に保全すべきランクⅠ」である辺野古地先とされたことはさらに理不尽です。

軍事専門家からも海兵隊の抑止力や沖縄の「地理的優位性」は既に大きく疑問視されています。今後の国際関係の構築は軍事力でなく、話し合いを通じた外交力で行うことが国際社会の流れであり、軍事力増強は時代遅れです。基地や軍隊のあるところが最も危険であること、軍隊は住民を守らないことは、夥しい血が流され、生き残った人々を今も苦しめ続けている沖縄戦で得た苦い教訓です。辺野古新米軍基地の建設はアジア地域の緊張をますます高め、再びこの島で戦争の惨劇が繰り返されるのではないかと、沖縄戦体験者らは危機感を強めています。

また、県内移設が「負担軽減」にならないこと、日米両政府の言う「負担軽減」が口先だけであることを県民は身に染みて知っています。「移設先の自然・生活環境に最大限配慮できる」とされているのは、地元住民をあまりにも愚弄しています。自然環境も生活環境も著しく変化し、破壊されることは明らかであり、強い怒りを禁じ得ません。

島袋吉和前市長と政府がＶ字形沿岸案で合意したことが「錦の御旗」にされていますが、彼は２００６年の市長選で「沿岸案反対」を公約にして当選しており、これは明らかな公約違反です。これは市民への裏切り行為であり、「合意」は市民の意思に反するものです。名護市民の意思は１９９７年の市民投票で示されており、それは現在も変わっていないことは種々の世論調査でも明らかです。

この理由書に書かれている埋立必要理由＝基地建設必要理由はすべて破綻しています。私たち地元住民・県民が望んでいるのは「基地のない平和で自然豊かな沖縄」であり、私たちにとって埋め立て＝基地建設の「必要」は１００％ありません。

## 2）自然環境と次世代への責任について

自然環境は人間の生きる基盤であり、それが破壊されれば、私たちは生きていけません。未来世代の生存基盤を、現在の私たちが壊す権利はありません。

沖縄戦をようやく生き延びた辺野古のお年寄りたちは「海は命の恩人。基地に売ったら罰が当る」と言い、基地建設を「お願い」しにやってきた防衛局の役人に「どうしても造るなら私を殺してからやりなさい」と迫りました。陸がすべて焼け野原になった後、海の幸で命を繋ぎ、子どもたちを育てた体験が、「二度と『戦場《いくさば》の哀れ《あわり》』を子や孫に味わわせたくない」という強い思いと、海＝自然への深い感謝という二つの柱となって彼ら・彼女らを支えてきたのです。彼らが顔を輝かせて語る辺野古地先の海の豊かさ、その恵みを、私たちは次世代に残す責任があり、その破壊をここで許してしまうことは、後世に対する犯罪行為だと考えます。

私たち大人は、子どもたちに、よりよい自然環境と生活環境を保障し、子どもたちの未来に責任を持つ必要があります。「埋め立て」による自然破壊や、「基地建設」に伴う騒音や事故、米兵による事件の増大は必至であり、生活環境は大きく変貌します。子どもたちの教育環境も損なわれ、大人としての責任を果たせません。そして何よりも、辺野古新基地建設が戦争を招き寄せ、子や孫が戦場にさまようことを恐れます。

以上、次世代への責任という意味からも、埋め立て＝基地建設を許してはならないと考えます。私たちが次世代に残すべきものは「平和」と「自然」以外にないからです。

３）埋立土砂について

①　辺野古ダム周辺が埋立土砂採取地域とされていますが、ここは名護市教育委員会が市内遺跡詳細分布調査の一環として行った平成23年度キャンプ・シュワブ内辺野古ダム周辺文化財調査において、この地域にかつて存在した屋取《ヤードゥイ》集落時代のものと思われる道跡、石積み、排水用と推定される溝状遺構などが確認されている地域です。

公共の福祉や地域の発展のための施設や事業であれば、文化財の記録保存もやむをえない場合もありますが、米軍基地はそれとはまったく性格を異にする施設であり、地域住民を脅かし、地域にとって害しかもたらしません。そのような基地建設の埋立土砂採取のために、地域の先人たちの足跡を残す大切な文化財が失われることはきわめて理不尽です。

また、辺野古ダム周辺の生態系は、やんばるの中でも恩納村・名護市にしか見られない湿地性植物が多く、沖縄県環境影響評価審査会においても「『陸のジュゴン』とも言うべき絶滅危惧種のナガバアリノトウグサなどがほとんど消失してしまう」（横田委員）という危機感が語られました。

さらに、辺野古ダムは周辺住民の大切な水源地でもあり、土砂採取によって多大な悪影響を被ることは必至です。名護市は辺野古ダム周辺の市有地の使用は認めない姿勢ですが、私有地についても土砂採取を行うべきではありません。

②　沖縄島周辺における海砂採取については、総量規制のないこれまでの採取によっても既に、砂浜の減

少や浸食、イノーの海底地形の変化、生態系の劣化などの悪影響が出ており、地域住民は危機感を抱いています。産業のためであっても、これ以上採取すべきではないと考えます。まして、基地建設のための埋立土砂採取はもってのほかです。

私は、沖縄島周辺に生き残った国の天然記念物で絶滅に瀕したジュゴンの生息環境を保全するために活動している「北限のジュゴン調査チーム・ザン」のメンバーですが、ジュゴンの唯一の餌である海草は、海岸近くの海底の砂に藻場を形成することから、海砂採取による海草藻場への悪影響を懸念しています（埋め立てや巨大構造物の建設による海流変化などで辺野古の海草藻場が消失することは言うまでもありません）。

今回の埋め立て用の海砂採取予定地が、ジュゴンの回遊ルートに重なることも大きな懸念材料です。ジュゴンはとても敏感な生き物で、人間活動との接触を嫌います。広大で良好な藻場があり、それまでよく利用していた辺野古海域を、２００４年のボーリング調査を巡る海上での騒動以来、忌避している（アセス調査も含め防衛局による作業強行がジュゴンを追い出したとも言えます）例があり、海砂の採取や運搬に伴う騒音や海域の攪乱がジュゴンの生活や生態を乱し、さらなる生息環境の悪化につながる恐れがあります。

③　購入土砂も大問題です。アセス逃れのために政府は購入土砂を使用するとしていますが、多くの地域で海砂をはじめ土砂採取による環境への悪影響が大きな問題になっています。地域住民の反発も強く、埋立申請添付書類の中で採取場所の特定がされていないことにも示されるように、容易に確保できるとは思

われません。

仮に確保できたとしても、有害物質が含まれていないかどうかはもちろん、特に沖縄の亜熱帯島嶼生態系にとって、まったく生態系の違う場所から持ち込まれる土砂に含まれる移入種の問題、生態系の撹乱は危機的です。それは、世界自然遺産登録をめざす政府（環境省）の方針にも反するものです。

また、購入土砂について、福島原発事故による放射能汚染の懸念も拭えません。採取場所がどのような場所で、どのような生態系を持ち、土砂に何が含まれているか、採取場所以外の土砂が混入していないか、等をどのように調査・点検し、移入種や有害物質の混入を避けることができるのか、その方法をきちんと示さない限り、島外からの土砂持ち込みを行ってはならないと考えます。

### 4）名護漁協臨時総会の議事録について

最後に苦言を述べます。辺野古地先埋め立てに同意した3月の名護漁協臨時総会の議事録の多くの部分を、沖縄県が黒塗りして告示・縦覧したことは、情報公開を行って広く意見を求めるという告示・縦覧の精神に反するものであり、地元住民として、県民として納得できません。これでは「利害関係人」はきちんとした情報を得ることはできず、意見を述べることもできないからです。漁協から非公開の要請があったとしても、それに応じることは公共の利益になりません。黒塗りしないものを出すべきです。

私たちの地域にも名護漁協の組合員が少なくありませんが、とりわけ東海岸の漁民は基地建設に対して大きな不安を抱いていることを私たちは知っています。漁業が続けられるのか、生活ができるのか、彼らの多くが悩んでおり、反対したいが組織には逆らえないと、悶々としているのが実態です。積極的に「同意」

した人はごく少数だと思われます。
米軍占領時代の基地建設や日本復帰後の乱開発などによる赤土汚染が沿岸漁業を直撃し、米軍への訓練提供水域での事件や事故、漁業被害などが相次ぎ、沖縄の漁業は大きく損なわれてきました。埋め立てに伴う漁業補償を不本意ながら受け入れざるをえなくなるほど、沖縄の漁民を追い込んできた経緯を明らかにし、漁民が漁民として生きられる、後継者を育てられる海を取り戻していくことは沖縄県の重要な課題です。その意味でも、知事が埋め立てを「不承認」とされることを強く要請いたします。

以上

## 参議院選の恐怖と救い

２０１３年７月30日記

７月21日に投開票された参議院選挙で自民党が大勝した。予想はしていたけれど、ここまでの一人勝ちには背筋が寒くなる。沖縄県民の声は虫けらほどにも思わず、原発反対の声もＴＰＰ反対の声もすべてなぎ倒し、憲法改悪（というより憲法破壊）して戦争する国へ、貧富の格差はますます大きく、ものの言えない社会へ……、その行く先を思うと暗澹たる気分だ。投票率の低さは、目に余る政治のひどさ、政治家の劣化に対する不信の表れだと思うし、気持ちはよくわかる（私も若いときは、誰も入れたい人がいないので棄権したり白紙を投じたこともある）が、しかし棄権することは、そういう政治をさらにはびこらせ、被害は全国民に及んでくることを、若者世代にももっと意識して欲しいと思う。

その中で唯一の救いは、沖縄選挙区での糸数慶子さん、東京選挙区での山本太郎さんの当選だ。私たちが糸数さんとのセット戦術で支持を訴えた比例区の山城博治さん（社民党から出馬）は、県内得票は比例区候補の最多であったにもかかわらず、社民党の不人気もあって残念ながら落選した。高江や辺野古、普天間など現場のたたかいで鍛えられた「熱いウチナー魂」と温かいチムグクル（肝心）を持った彼は、選挙運動で全国を回り、原発被害に苦しむ人々、アイヌや被差別部落の人々と触れ合う中で、沖縄との共通性を感じ、彼らが自分に託す思いをしっかり受け止めていた。そんな彼に、とりわけこの時期、是非とも国会で活躍して欲しかったのにと、残念でならない。

一方で、前浦添市長の儀間《ぎま》光男氏が、日本維新の会と手を結んだ下地幹郎《しもじみきお》氏の口車に乗って、公示直前に維新の会からの立候補（「辺野古移設推進」を公約）を決め、県内得票は山城さんの半分以下だったが当選した。沖縄では「島を売る男」と悪名高く、県民の支持を得られない下地氏が、儀間氏を通じて国会への影響力を保っていたいということだろう。

## 糸数慶子さん勝利から名護市長選へ

沖縄選挙区では、糸数慶子さん（沖縄社会大衆党委員長）が自民党候補の安里《あさと》政晃さんに三万三千票差で当選した。前回の参議院選で自民党候補に圧勝した現職の糸数さんは、実績もあり知名度も高かったが、当初から私たちは危機感を持って運動していた。何がなんでも辺野古移設を進めたい安倍政権が総力をあげて、「移設反対」を潰すために対抗してくることが目に見えていたからだ。とりわけ私たち名護市民にとっては、来年1月（半年後）に行われる名護市長選の前哨戦として、なんとしても負けるわけにいかない選挙だった。

自民党中央からの度重なる説得や圧力に対しても自民党沖縄県連は「県外移設」の姿勢を変えず、沖縄選挙区の安里政晃氏も「県外移設」を公約としたため、一見、争点は隠されたように思われたが、前回の衆議院選で「県外移設」を公約して当選した島尻安伊子・西銘恒三郎の二氏が当選後に公約を翻して、自民党中央の方針である「辺野古移設推進」に鞍替えしたことに対する県民の不信感が大きかったこと、また、選挙期間中に「沖縄選挙区へのテコ入れ」のため安倍首相はじめ自民党の大物たちが続々と沖縄入りして安里陣営の応援をしたことが裏目に出たと思う（私たち県民の感覚では、逆効果しかもたらさないと思うのだが、安倍は、自分が出ていけば勝てると思ったのだろう）。

今回の糸数さんと安里さんの票差は、決して安心できる数ではない。「首相自らを含め自民党政府が総力をあげても沖縄の民意には勝てなかった」という誇りを感じる一方、「ここまで追い上げられてしまった」という危機感を覚える。とりわけ、名護市における票差がわずか一五一票という現実に、地域で長年反対運動をやって来た知人は、（勝ったにもかかわらず）「ショックで落ち込んでいる」という。「市長選は参議院選と違う要素もあるから、これからがんばれば大丈夫だよ」と慰めたのだが、政府・自民党や名護の基地受け入れ派が「この差なら軽い」と勢いづいているのは目に見えるようだ。

既にかなり前から、「実弾」（カネ）が名護市内を飛び交っているという噂のある次の名護市長選が、相当に厳しいたたかいになることは覚悟しなければならないと感じている。

## 選挙後の動き

選挙後、沖縄でも早速、自民党大勝効果？が現れた。投票日の翌日、防衛省が普天間基地の野嵩ゲートに鉄柵を設置したのだ。昨年のオスプレイ強行配備の際、県議を含む市民らが抗議行動を行い、その後も市民による座り込みが続いている場所だ（当日も座り込みが行われていたが、市民らが帰った後の夜に工事を開始）。８月のオスプレイ追加配備（一二機）を前に、市民・県民の抗議をあらかじめ排除しようという目論見だろう。

また沖縄県も、自民党からの圧力があったのかなかったのかわからないが、三五〇〇通以上寄せられた埋め立て申請に対する意見書のうち九割は「利害関係人」ではないと判断する姿勢を見せている（まだ決定ではない）と『沖縄タイムス』（7月27日）が報道した。それがほんとうだとすると、当初、「利害関係人」だと思う人は誰でも、と解釈し、全国に門戸を広げた県の姿勢（それを私たちは高く評価した）と矛盾する。何か圧力があったのでは、と勘ぐってしまうのだ。

もちろん、私たちは何があっても絶望しないし、あきらめない。あきらめたら「あいつら」の思う壺だ。野嵩ゲートに設置された鉄柵（フェンス）には、たくさんのリボンが結ばれ、ろうそくの光が揺れ、ゲート前には「オスプレイ配備反対」、平和を願うゴスペルが今日も響いている。夏の陽射しを浴びて息を呑むほど美しい辺野古の海を、そこに住む無数の命を「絶対に埋めさせない！」と改めて心に誓う。どんな状況の中でも創意工夫をこらし、道を切り開いて行きたい。

## 辺野古埋め立てNO！ 健闘する名護市

２０１３年９月７日記

政府・防衛省が沖縄県の仲井眞弘多知事に提出した辺野古新基地建設に向けた公有水面埋立承認申請について、沖縄県は7月31日、名護市長への意見照会を行った。

これを受けて名護市は8月1日から、市長意見に反映させるための市民意見の募集（対象は市民及び市出身者）を開始し、名護市広報『市民のひろば』8月号に意見書用紙を挟み込んで市内全戸に配布した（意見提出期限は10月末）。市長意見は市議会の議決を経て県に提出することが公有水面埋立法で定められているが、議会だけでなく、できるだけ多くの一般市民の意見を募る名護市独自の取り組みは画期的であり、「市民の目線でまちづくり」という稲嶺進市長の公約の具現化とも言える。

さらに名護市は、「意見書用紙を配られてもどう書いていいわからない」「そもそも埋め立て申請の中身もよく知らない」という市民の声に応え、意見書を書く際に役立ててもらおうと、辺野古・大浦湾の自然の豊かさ、辺野古新基地計画や埋め立ての概要、沖縄の基地の現状などを『米軍基地のこと辺野古移設のこと』と題するパンフレット（オールカラー、一二頁）にまとめ、『市民のひろば』9月号とともに、これも市内全戸に配布した。

パンフレット作成を担当した名護市企画部広報渉外課の仲里幸一郎課長は、「辺野古の住民が、伝統行事のハーリーを行っている浜が作業ヤードとして埋め立てられる予定であることさえ知らなかったことにショックを受け、それがパンフレットを作る引き金になった」と語る。「中学生でもわかるような内容」をめざしたというパンフは、辺野古・大浦湾の生態系や、そこに生息する動植物の写真をふんだんに使い、新基地の予定図面を名護市街地の写真の上にかぶせて基地の巨大さを実感させたり、埋め立てに使われる土砂の量を名護市街地近くにある「あけみおSKYドーム」の容量に換算して示すなど、わかりやすいと好評だ。当初、名護市の世帯数に近い二万部を作成したが、学習資料としても最適だと、市外も含めて需要が多く、あっという間になくなったとのことで、増刷を予定している。

名護・ヘリ基地反対協議会とヘリ基地いらない二見以北十区の会及び市民有志は、名護市の取り組みを高く評価しつつ、パンフを配るだけでなく、名護市主催の説明会を沖縄県の担当部局や沖縄防衛局も同席させて行って欲しいと名護市長に要請した。

9月4日、稲嶺市政を支える女性の会（いーなぐ会）が開催した「公有水面埋立法を学ぼう！」学習会（講師：三宅俊司弁護士）では、会の要望に応えて仲里課長が市のパンフレットを参加者全員に配布し、丁寧な説明と質疑応答を行い、その場で意見書の回収も行った。

三宅弁護士は「公有水面埋立法では、（埋め立て）『承認』と『免許』は同じ手続。免許権者である知事に大きな権限が与えられており、この法律に適合しない限り埋め立

名護市発行パンフレット『米軍基地のこと　辺野古移設のこと』
（オールカラー、12頁）の表・裏表紙

ての免許を与えてはいけないとされている。埋め立て申請が形式的要件（環境保全、災害防止など）および実質的要件をクリアしていても、免許権者は公益上の観点から免許を拒否できる裁量権を与えられている。法に従えば埋め立てはできない。県知事が承認しない場合、国は是正指示や代執行ができるという報道もあるが、それらは法律に反する場合や、著しく適正を欠き、かつ公益を害するときにのみできる、となっており、簡単にはできない。単なる脅しに過ぎない。行政不服審査法も、申し立てできるのは国民であり、国が県に対して申し立てはできない」「専門家の意見、および埋め立てに反対する多くの県民や市民の意見が、知事や名護市長を支えていく車の両輪となる」と語った。

名護市長の意見提出は11月末、仲井眞知事の（埋め立て承認・不承認の）判断は年末〜年明けと報道されている。名護市選挙管理委員会が名護市長選の期日を来年1月19日と発表。埋め立て申請をめぐる動きは市長選に直結しそうだ。基地誘致派は埋め立て賛成意見を集めようと組織的に動き始めたという。私たちの課題は埋め立て反対の市民意見をどのくらい集められるかだ。市長選をにらみながら、なんとかして辺野古埋め立て＝基地建設を強行したい安倍政権と名護市長及び市民との、息の抜けない攻防が続く。

## 「空も大地も危険がいっぱい」オスプレイ追加配備、ヘリ墜落、土壌汚染… ２０１３年９月７日記

８月５日午後４時頃、宜野座村松田の米軍キャンプ・ハンセン内で米空軍嘉手納基地所属のＨＨ

60救難ヘリが訓練中に墜落、炎上した。機体はほぼ全焼、周辺の山林は翌6日の昼過ぎまで燃え続け、乗組員一人が遺体で発見された。

墜落現場からいちばん近い民家まで二キロ。一キロ以内には県民の生活道路でもある沖縄自動車道（高速道路）が走っている。狭い沖縄で繰り返される軍事訓練の恐ろしさが改めて浮き彫りになった。復帰後の米軍機墜落は四五件目。今回も米軍は、消防や県警の基地内立ち入りを拒否した。

現場からわずか数十メートルのところに住民の飲料水となっている大川ダムがあり、ヘリの部品に使用されているストロンチウム90による水質汚染を懸念した宜野座村は取水を中止した。

前々日の3日、島ぐるみの猛反対を押し切ってMV22オスプレイの追加配備（一二機のうち二機）が強行されたばかり。普天間基地周辺には抗議と怒りの声が渦巻き、一人が不当逮捕された。この日もゲート前で抗議集会が行われている最中に事故は起ったのだ。

あわてた米軍は、予定していた残り一〇機のオスプレイの岩国基地からの移動を延期したものの、わずか一週間後の8月12日、九機の追加配備を強行。日本側の「お盆の時期は避けてほしい」という要請に配慮したとされることも、沖縄（は旧盆なので時期が異なる）を愚弄していると、怒りの炎に油を注いだ。

強行配備の翌13日は、普天間基地に隣接する沖縄国際大学に米軍ヘリが激突した事故から九周年。同大で行われた集いで大城保学長は、普天間飛行場の即時閉鎖と返還を日米両政府に求める声明を発表した。

7月の参議院選で大勝した安倍自民党政権（沖縄選挙区では自民党候補は落選したが）は、沖縄に対する

「爪」をいよいよむき出しにしている。今年初め、沖縄の全市町村長・議長が「建白書」を携えて首相に直接オスプレイの配備撤回を求めたことなど、頭の片隅にも残っていないだろう。県民がこぞって反対している普天間基地の辺野古移設についても政府はあくまで推進する姿勢だ。

8月5日に墜落・炎上したHH60ヘリの同型機は、事故原因不明のまま一一日目に飛行再開され、22日には墜落に抗議する宜野座村民大会が開かれた（村民の約二割の一一〇〇人が参加）。26日、「米ネバダ州で海兵隊のオスプレイが着陸失敗」と報道されたが、実際には重大事故で、機体は炎上・大破していたことがわかり、県民の不安と怒りはさらに募った。

一方、米軍基地跡地の沖縄市サッカー場で見つかったドラム缶から環境基準値を超えるダイオキシン類が検出された衝撃が消えない中、8月20日の地元紙は、普天間、牧港などの米軍基地周辺で捕獲されたマングースに他地域の約九倍の濃度のPCBが蓄積していることがわかったと報道した。

沖縄県民は、オスプレイが我が物顔に飛び回る空の下、米軍基地から垂れ流される有害物質に汚染された土地での生活を強いられている。それらに「NO」を言うことは、宜野座村民大会で當眞《とうま》淳村長が言ったように「政治的なパフォーマンスでなく、命と生活を守るため」なのだ。

そんなぎりぎりの要求さえ札束で押さえ込もうというのか、安倍政権は沖縄振興予算を五〇〇億円積み増し、オスプレイ配備の見直しや普天間飛行場の県外移設を求める仲井眞知事の取り込みに必死だ。

度重なる閣僚の「沖縄詣で」はしかし、「基地負担軽減」のお題目の下から隠しようもなく鎧《よろい》が見える。

8月下旬、四日間の「夏休み」を沖縄で過ごした菅官房長官は、わざわざ名護市内に宿を取って辺野古移設推進派と会っていた。9月7日に来沖した小野寺防衛大臣は、オスプレイの県外への訓練移転、認可外保育所への防音工事の予算を知事に示し、沖縄市サッカー場の視察などを行う一方で、名護漁協組合長や辺野古周辺区長らをホテルに招いて密談した。来年1月の名護市長選を前に、稲嶺進市長を孤立させようという意図が見え見えだ。

8月半ばに沖縄を訪問した米映画監督のオリバー・ストーン氏は、「米国権力のすさまじさ、日本の属国ぶりに驚いた」と言い、それと闘っている稲嶺市長を、沖縄滞在でいちばん印象に残った人物と評した。

東京オリンピック開催決定（福島原発事故の汚染水垂れ流しに「安全」宣言した安倍首相のあきれるほどのウソにも、そのウソにだまされた振りをした国際オリンピック委員会にも唖然とした）で日本中が浮かれているのを見ると、生活実感のあまりの違いに、沖縄はやはり日本ではないと思わざるをえない。

[追記]

9月25日、機体の不具合のため一機だけ岩国基地に残されていた最後のオスプレイが普天間基地に移され、昨年10月からほぼ一年をかけて二四機すべての配備が完了したが、その三日後の28日、一機が普天間飛行場への着陸時に低空ホバリングを約一時間続けるなどの異常を見せ、宜野湾市民をはじめ県民の不安をいっそう募らせている。日米間の騒音防止協定などあってなきがごとしで、普天間基地周辺では9月16〜18日の連続三日間、午後10時以降の飛行制限を大幅に超える夜間飛行が行われた。

わが名護市東海岸でも、国立沖縄工業高等専門学校（辺野古在）の背後（キャンプ・シュワブ内の米軍演習場）にあるヘリパッドに離着陸を繰り返すオスプレイが、座り込みテントすれすれに真上を飛び、自宅にいても、山に遮られて姿は見えないが、オスプレイの重低音がしばしば胸をざわつかせる日常が続く。配備見直し・撤回を求める県民の叫びは、オスプレイの騒音にかき消されて、日米両政府には届かないようだ。

## 防衛局がジュゴン情報を隠蔽

２０１３年10月5日記

9月22日の地元紙は、沖縄防衛局が、辺野古の埋め立て予定海域で昨年4〜6月、ジュゴンが海草を食べた食《は》み跡を三年ぶりに確認していたにもかかわらず、公表していなかったことを報道した。共同通信の配信によるもので、全国各地の新聞にも、沖縄ほど大きな扱いではないが報道されたという。

２００４〜5年のボーリング調査強行と、それに対する海上阻止行動以降、人間活動との接触を嫌うジュゴンが辺野古海域を忌避し、それまで利用していた海草藻場に食み跡が見られなくなって心配していたので、再び辺野古を餌場として使うようになったことがわかったのは私たちにとって嬉しい知らせだが、何としても辺野古基地建設を強行したい政府・防衛局にとっては、隠しておきたい事実だっただろう。アセス手続は既に終了した後なので公表する義務はないと言いたいのかもしれないが、その後も今日まで、国民の血税を使って辺野古・大浦湾の調査が続けられている。報道によると「調査結果で結論が変わるとは考えていない。辺野古移設を見直す考えはない」と沖縄防衛局はコメントしているが、では、いったい何のための調査なのか？　車を走らせながら、大浦湾に調査船が出ているのを見るたびに「税金の無駄遣い！」と内心、罵ってしまう。環境保全やジュゴン保護のためなら大歓迎だが、破壊と絶滅を招く基地建設のためにはビタ一文使って欲しくない。

沖縄県（海岸防災課および漁港漁場課）は4日、沖縄防衛局に対し、埋め立て申請に関する三一項目七三問に及ぶ質問事項を提出した。知事判断に向けての確認手続きの一つだが、文書で求めるのは異例という。地元紙報道によると、この中には、辺野古海域でジュゴンの食み跡が確認されたことを受けたジュゴンの保全対策や、県外から運んでくる埋め立て土砂に含まれる外来種が辺野古周辺の生態系や環境に与える影響をどう抑えるか、などの質問も含まれている。県民世論をバックに、日米政府の「知事は埋め立てを承認するだろう」という「楽観」に釘を刺す沖縄県の健闘にエールを送ると同時に、私たちも、知事の埋め立て「不承認」をより強く応援していく必要がある。

ものの言えない暗黒社会を彷彿させる特定秘密保護法案も含め、脅しと隠蔽によってしか維持できない軍事優先社会への歩みを、なんとしても止めなければならないと思う。

［うちなーぐち狂歌］

「御理解」の意味や「押しつけ」どぅやるい（なのか）
大和口《ヤマトグチ》辞書や　役ん立たん　〈悦子〉

## 知事は埋め立て不承認を

２０１3年11月21日記

辺野古新基地建設に向けた公有水面埋立承認申請について、名護市が市長意見に反映させるために募集していた（10月末締切）市民意見が二五〇〇件以上集まった。その99％が埋め立て＝基地建設への反対意見だという。そこには、１９９７年12月の市民投票で「辺野古への基地建設ＮＯ」の意思表示をしたにもかかわらず、以来一六年もの長きにわたってこの問題に翻弄され続けてきた名護市民の悲願が込められている。

名護市は市民意見や専門家からのアドバイスも含めて市長意見を作成し、11月22日の臨時市議会の議決を経て、11月末までに沖縄県に提出する。

仲井眞知事がいつ（承認・不承認の）判断を下すのか、県民は固唾を呑んでその行方を注視している。政府・防衛省が行った環境影響評価に対し「環境保全は不可能」という厳しい意見を出した知事は、現在までのところ「県外移設」の姿勢を変えておらず、その流れで行くと「不承認」となるべきだが、安倍・自民党政権による振興策の大盤振る舞いや、度重なる「説得」工作に揺さぶられ、このところ「承認・不承認、中間や保留もあり得る」などの微妙な発言をしているからだ。

知事を支える自民党沖縄県連も、中央本部に「県外移設」方針の転換を強く迫られ、大きく揺れている。もし県連が方針転換すれば、知事の姿勢も極めて危うくなるのは避けられない。

一方、来年1月19日投票の名護市長選は、現職の稲嶺進氏の対立候補として、末松文信県議（前名護市副市長）及び島袋吉和・前市長の二人が出馬表明した。あわてた自民党本部は、反現職側が分裂するのを何とか避けたいと「一本化」に向けて奔走しているが、「辺野古移設推進」を掲げる島袋氏は、それをはっきり言わない末松氏への不信感を露わにし、ネット右翼や日本会議、幸福実現党などのバックアップを受けており、一本化が成功するかどうかは不透明だ。

末松氏を支持する仲井眞知事は、埋め立て問題を市長選の争点からはずし、末松陣営を有利にするために市長選前の年内に「埋め立て承認」を出すのではないかという推測も飛び交っている。

多くの市民団体が、知事に県外移設方針の堅持と「埋め立て不承認」を求める要請や行動を波状的に行い始めている。「稲嶺市政を支える女性の会（いーなぐ会）」は「ヘリ基地いらない二見以北十区の会」と連名で11月20日、「辺野古埋め立て申請不承認への激励と要請」と題する文書を携えて知事要請行動を行った。

要請文の中で私たちは、「政府の埋め立て申請は、環境保全に関する文書が添付されていない、埋立地利用＝オスプレイの使用について何らの調査も評価もされていない等、形式的要件を欠き、内容審査についても、公有水面埋立法第四条によって、県知事は、環境に配慮せず環境破壊が明らかな埋立行為に対しては、これに免許（承認）してはならないと定められていること」などを指摘し、沖縄防衛局が出した環境影響評価書に対して、「環境保全は不可能」と断言している知事が、そのような評価書に基づいて出された埋め立て申請に対しては当然「不承認」と判断されるであろうことを信じている、と述べた上で、「しかしながら、政府が振興策や『基地負担軽減』を提示する一方、『（辺野古移設への）理解を求める』として知事に有形無形の圧力を強めている様子を見るにつけ、名護市民、地域住民としては、不安が湧き起こるのを押さえることができません。私たちは知事の『県外移設』の姿勢を強く支持し、激励するとともに、今後ともその姿勢を堅持し、沖縄の貴重な自然と私たち県民の暮らし、子や孫たちの未来を守るために辺野古埋め立て申請を不承認とされますよう、改めて要請いたします」と結んだ。

対応したのは土木建築部の當銘健一郎部長および知事公室の親川達男基地防災統括監。沖縄県庁での要請行動には、名護からの六人に加え、沖縄各地から駆けつけてくれた支援者や、名護選出の玉城義和さん等三人の県議を含め総勢二〇人余が参加した。

ちょうど、当日朝の地元紙に、11月末までに県知事に提出される予定の「(埋め立て申請に対する)名護市長意見」案(=「名護市民の誇りをかけて辺野古移設に断固反対」するという内容。22日の名護市臨時議会で審議予定)の全文が掲載されたため、名護市長意見の扱いが、要請における大きな話題の一つになった。當銘部長は、「市議会で承認されるまでは『案』なので内容には立ち入れない」と断りつつ、名護市長意見の重さについて「その意に反する結論を出すのは問題がある」「案の通りに承認されれば、二三頁と相当のボリュームなので、防衛局に質問する必要が出てくる可能性もあり、年内での(承認・不承認の)知事判断は難しくなるかもしれない」と述べた。

また、親川統括監は「この問題の原点は、普天間基地の危険性除去であり、そのためには県外移設がいちばんだという知事の姿勢は変わらない。名護市長の意見も踏まえて判断することになる」と答えた。

知事や県当局の発言や彼我の情報に一喜一憂させられ、さまざまな不安や疑問を抱えつつも、今は、知事の「不承認」を信じたいという祈るような思いだ。

## 「名護市民の誇りをかけて」名護市長意見を市議会で可決

２０１３年11月23日記

11月22日（金）、名護市議会は臨時議会を開き、沖縄県知事から照会された「（辺野古）公有水面埋立承認申請書に関する名護市長意見」の審議を行い、原案通り賛成多数で可決した（市長意見全文を20日付『琉球新報』『沖縄タイムス』両紙が掲載している）。

「名護市民の誇りをかけて辺野古移設に断固反対し、県知事に埋め立て承認しないよう求める」市長意見に多くの市民が関心を寄せ、議場前には開会二時間以上前（午前8時前）から傍聴者の列が出来た。開会時刻が近付くと傍聴者はさらに増え、議会事務局は、報道カメラを議場の中に入れるという異例の措置で傍聴席の確保に努めたが、立ち見も含め五〇人以上がすし詰め状態となり、それでも入りきれない人は外のモニターで審議を見守った。傍聴席を埋めた多くが年配の女性たち。「子や孫たちのために私たちが頑張らないと」という言葉が胸を打った。

午前10時から始まった臨時議会は冒頭から、野党議員の「市当局から議案説明がなかった。議案研究のための時間を頂きたい」との発言で中断。議会運営委員会が開かれ、「議案は既に19日に議員全員に配布してあるので、これ以上時間を取る必要はない」との結論に至り、11時過ぎから再開した。

当初、市長意見案は二三頁もの長さがあるので、前文と結論部分だけを市長が全文読み、意見の内容については担当部長が要点だけを述べる予定だったが、野党議員からの「全文読むべきだ」との意見を受けて、意見書全文を読むことになった。野党議員は時間引き延ばしのために要請したと思われるが、全文が読まれたことによって、意見書全体の格調の高さ、法に基づいて事業者（沖縄防衛局）の申請内容の矛盾を一つひとつ明らかにしていく充実した内容の素晴らしさが傍聴席の市民の胸に染み渡り、野党議員にとっては逆効果だったのではないかと思う。

全文読むのに一時間半ほどかかり、昼食休憩に入る前、稲嶺進市長は傍聴席まで来て、市民に労いの言葉をかけた。

午後2時から審議が始まったが、野党議員の市当局への質問は「なぜ、議決もしないうちに新聞に載ったのか」「出された市民意見を住民基本台帳と照合したのか」「（市長意見の中に紹介されている市民の意見のいくつかを取り上げて）これはどこに住んでいる人が書いたのか」「（基地）容認派からも意見を聞くべきではないか」等々、些末的なものがほとんどで、採決の前の「（議案への）反対意見」を述べたのは九人の野党議員中一人のみ。与党議員は四人が「賛成意見」を述べた。野党議員の「引き延ばし戦術」は失敗に終わり、午後3時半過ぎ、市長意見が賛成一四人（議長を除く与党議員。公明党議員二人が、党として結論がまだ出ていないとのことで採決に加わらず退席したのは残念だった）の起立で可決されると、与党席と傍聴席から大きな拍手が沸き起こった。

日本政府対沖縄のたたかい――「裏切りを許さない」

２０１３年12月5日記

11月25日、沖縄選出・出身の自民党国会議員五人全員が、「（普天間基地の）辺野古移設」を容認したというニュースが全島を駆けめぐった。いずれも「県外移設」を公約して当選した人たちだ。仲井眞知事の辺野古埋め立て承認をなんとしても年内に取り付け、1月の名護市長選で「容認派」の市長を誕生させたい安倍政権が、離党勧告をちらつかせつつ「辺野古移設か、普天間固定化か」と迫った結果である。

翌日の地元紙には、勝ち誇った顔で報告する石破茂幹事長の隣にうなだれて並ぶ五人の写真が掲載された。それは、「沖縄差別」丸出しの恫喝によって「転向」を迫る自民党本部の卑劣な脅しへの嫌悪・怒りと同時に、その恫喝にたやすく屈し、ウチナーンチュとして、否、人間としての誇りもかなぐり捨てて、政治家の命である「公約」を投げ捨てる議員たちの姿を見せつけられた県民の「屈辱感」をかき立てた。

これに続いて27日には、仲井眞知事を支えてきた自民党沖縄県連も辺野古移設容認を決定した。オール沖縄で「オスプレイ配備撤回、県内移設の断念」を求める「建白書」を政府に突きつけた1月27日の東京行動からわずか一〇ヵ月。あの日、日比谷野外音楽堂で開催された「NO OSPREY東京集会」の司会を務めた照屋守之・自民党県連幹事長（実行委事務局次長）が開口一番、「一四〇万県民を代表してここに来ました！」と胸を張って誇らしげに言ったあの言葉を、それを聞いて、沖縄が思想信条を越えて一つになった実感を覚えた感動を思い出しながら、私は、彼の、あまりにも変わり果てた惨めな姿を正視することができなかった。

しかし、彼らを「落とした」このような手口で県民をも「落とせる」と考えるなら、それは政府・自民党の大きな誤算だ。稲嶺進名護市長が繰り返し言うように「沖縄の流れは変わった」のであり、もう元には戻らない。自民党県連が「転向」した同じ日、県知事に提出された名護市長意見は市民の民意を体現し、辺野古移設に「断固反対」している。民意に反する「辺野古移設」は現場をますます混乱させ、普天間基地の返還はいっそう遠のくばかりだ。「普天間固定化」の責任は、公約を破った自民党議員らに帰せられるだろう。

この日、仲井眞知事に提出する市長意見（22日に市議会で可決）を携えて県庁を訪れた稲嶺進名護市長は、激励に駆けつけた一〇〇人以上の県民に玄関ロビーで迎えられ、県民らの作る「花道」を通って副知事室に向かった。提出後、戻ってきた市長は、前日の地元紙写真を掲げながら「（自民党国会議員五人の）被告席に座らされた哀れな姿」を批判し、「名護市民の誇りをかけて辺野古移設に断固反対する」と明言した市長意見の意義を強調した。

翁長雄志・那覇市長を支える自民党市議団は、国会議員や県連の裏切りを真っ向から批判。12月2日、那覇市議会は「辺野古沖移設を強引に推し進める政府に対して激しく抗議し、普天間基地の県内移設断念と早期閉鎖・撤去を求める意見書」を全会一致で採択した。各市町村議会でも次々に同様の動きが起りつつある。安倍政権の露骨な沖縄差別は逆効果を生んでいるのだ。

現在までのところ、仲井眞知事は「県外移設」の姿勢を変えず、埋め立て申請の事務を担当する土建部局は、環境部局の意見も求めながら丁寧な審査を続けている。私たちは、仲井眞知事が恫喝や圧力に屈することなく、誇りを持って「最後の砦（公約）」を守り、県民の生命と財産、子どもたちの未来を守るという知事本来の任務を果たすために、「辺野古埋め立て不承認」の判断を下してくれることを待ち望んでいる。

名護市長選を含め、日本政府対沖縄のたたかいは、年末に向けていよいよ熾烈を極めてきた。

## 世界六〇カ国余、約四万筆の埋め立て不承認国際署名を提出

２０１３年12月６日記

仲井眞知事の判断時期が迫る中、埋め立てをさせないためにできることは何でもやろうと、ジュゴンの保護活動に関わってきた有志三人（北限のジュゴン調査チーム・ザンの鈴木雅子さんと私、関東在の北限のジュゴンを見守る会国際部の弥永健一さん）で話し合い、「私たちの宝、ジュゴンの生きる辺野古の海の埋め立てを承認しないで下さい」というタイトルのオンライン国際署名（個人でもできる署名サイト＝Change.orgの協力を得た）を立ち上げたのは10月15日だった。

17日には県庁記者クラブで、仲井眞知事に対して「国際保護動物であり、日本の天然記念物でもあるジュゴンは、国や自治体によって厳重に保護されるべき動物です。今や絶滅の危機に瀕した『北限のジュゴン』のかけがえのない生息地を米軍の新基地建設のために埋め立てることに反対します」と求めるこの署名（当初は日本語版と英語版）を周知するための記者会見を行ったが、その間のわずか四八時間で七四〇〇人余の署名が集まり、世界の北限に生息するジュゴンへの国際的な関心の高さを示し

た。

11月27日、オンライン署名三万九六三二筆（署名開始の10月15日からこの日まで約一ヵ月半の間に集まった中間集約）を、私たちは當銘健一郎・沖縄県土木建築部長に手渡した。県内の署名賛同者や女性県議らも同行（参議院議員の糸数慶子さんも同行予定だったが、特定秘密保護法案が参議院での審議に入ったため沖縄に帰れなくなった）し、署名して下さった人々の属する約六〇カ国の国旗の一覧を掲げ、部長室の机の上で一〇頭余のジュゴンのぬいぐるみが泳ぐ（?）和やかな雰囲気の中、部長は笑顔で署名を受け取ってくれた。

四万近い署名のうち、沖縄を含む日本の次に署名数の多いのが、世界最大のジュゴンの生息域（南限のジュゴン）を持つオーストラリアで一万二七〇〇余、次がアメリカの九八〇〇余。韓国語版は開設して間もないが、「世界中が、北限のジュゴンが生き残れるかどうか、知事の判断を注目している」ことを伝えた。世界の研究者から寄せられたメッセージも、その一部を読み上げて手渡した。

この署名は、今後も、知事が埋め立てに関する判断を下すまで継続する予定だ。11月29日の地元紙で、辺野古移設推進署名七万五千余が県に届けられたことが報道された。集め方の問題（「那覇の国際通りでイケメンが女子高生を捕まえて『沖縄の負担軽減のための署名』と偽って集めている」「赤ちゃんを含む家族ぐるみで強要された」などの情報を得ている）や、署名の質の違いがあるとはいえ数のインパクトは大きいので、私たちはこの数字を上回ることを目標に、現在の日本語・英語・ハングル各サイトに加え、フランス語・ドイツ語・スペイン語などのサイトを追求している（その後、フランス語・ドイツ語版は開設できた）。

前述のように、この日はちょうど、稲嶺進名護市長が市長意見を副知事に手交する日と重なったので、署名提出後、私たちも、稲嶺市長を迎える県庁ロビーの「花道」（人垣）に並び、鈴木雅子さんが、

「南限のジュゴン」保護グループから送られてきた帽子（ジュゴンの絵が描かれている）を市長にプレゼントした（同じものを、當銘部長を通じて知事にもプレゼントした）。

この日の提出には間に合わなかったが、私たちチーム・ザンの活動に当初からさまざまなアドバイスをくださっている、日本の海洋哺乳類研究の第一人者である粕谷俊雄さんのメッセージが二～三日後に届いた。胸に染みる内容なのでご紹介したい。

「失われた自然を元にもどすのはむつかしいが、忘れさるのは容易だ。そして、人びとは破壊された自然を本来の自然と誤解し、我々の生活環境はしだいにさびしいものになってゆく。沖縄の海がそうならないためにも、ジュゴンとそれが棲む美しい海を守らなければいけない。」

（粕谷俊雄：海洋哺乳類研究者）

## 県民ひろばで七四団体の女性集会

２０１３年12月15日記

暮れなずむ12月10日夕刻、沖縄県庁前の県民ひろばを、ろうそくやペンライトを手にした女性たちが埋めた。県内七四の女性団体による実行委員会が主催する「知事は公約を守って辺野古埋め立てを認めないで下さい」女性集会だ。自民党国会議員、自民党県連の裏切りや自民党本部の弾圧を許さず、仲井眞知事に「沖縄の歴史に残る選択」を求めるという厳しい内容ではあったけれど、ろうそくの優しい灯りに包まれた女性中心の集会は、寒風の中にもかかわらず、体調不良を押して名護から出かけた私を元気づけ、心身を癒してくれるようだった。

名護の女性たちから、知事の判断が迫る中、全県の女性たちに呼びかけて何か行動できないかと提案され、高里鈴代さんをはじめ那覇の女性たち数人と会って相談したのが12月1日。女たちの動きはいつも速くて心強い。県議の狩俣《かりまた》信子さんが連絡先となり、電話やメールで連絡を取り合い、高里鈴代さん（基地・軍隊を許さない行動する女たちの会）を実行委員長に、名護からは私と名護市議の翁長久美子さんを共同代表（全部で九人）に加えて頂いて、あっという間に実行委員会が立ち上がった。沖縄県女性団体連絡協議会や沖縄県婦人連合会のような大きな団体から草の根の小さなグループも含め、これまで米兵による女性暴行事件への抗議などで連携している女性団体を中心に、わずか一〇日足らずで開催へとこぎ着けたのだ。しかも参加者は五〇〇人を超えた。おばあちゃんに連れられてきた女の子たちの真剣なまなざしが胸を打つ。この子たちのためにも、私たちはできるだけのことをやらねば……。

集会では、伊志嶺雅子・女団協会長や平良菊・沖婦連会長、政党代表などの挨拶のあと、私も共同代表の一人として発言し、次のように述べた。

「お集まりのみなさま、こんばんは。

今から一六年前の1998年1月初め、県庁ロビーを埋め尽くした三五〇〇人の女性たちが、辺野古新基地に反対するタライ一杯のメッセージを当時の大田昌秀知事に手渡し、知事からはっきり『新基

「知事は公約を守って辺野古埋め立てを認めないで下さい」女性集会。2013 年 12 月 10 日夕、県民ひろばにて。挨拶しているのは、実行委員会代表の高里鈴代さん

地ＮＯ』の言葉を引き出したことを、昨日のことのように思い出します。

前年末の名護市民投票で名護市民が『新基地ＮＯ』の意思を示したにもかかわらず、当時の比嘉鉄也市長が政府の圧力に屈し、基地受け入れを表明して辞任し、出直し市長選挙が行われる直前の時期でした。

あれから一六年。いったい何が変わったのでしょうか？　知事が三人替わり、名護市長も三人替わったこの長い長い年月を、基地建設のターゲットとされた私たち地元住民、名護市民は基地問題に翻弄されて苦しみ続け、一方、返還を約束された普天間基地は一ミリも動かず、宜野湾市民を苦しめ続けてきました。

しかしながら、明らかに変わったものがあります。それは未来へ向けた県民の意識です。六八年前の沖縄戦以来、戦争と基地の重圧にさらされてきた県民が、もうこれ以上の差別

と人権蹂躙はごめんだ、子や孫のためにも、これ以上我慢などしない！と、心を一つにして立ち上がったのです。この歴史の大きな流れは、一部の国会議員や県会議員が政府の卑劣な脅しや恫喝に屈した今でも、留めようがありません。

『辺野古移設』か『普天間固定化』か、の脅しは、もはや県民には通用せず、普天間を固定化しているのは『辺野古移設』に固執する日米両政府であることは明らかです。

この間、基地建設に向けた政府の辺野古埋め立て申請に対して、県の土建部局、環境部局が綿密な審査を続け、仲井眞知事も『県外移設』の公約をしっかり貫いています。未来の子どもたちの生きる基盤であり、ジュゴンの住む類い希なるやんばるの海を守ることは今を生きる私たちの責務です。私たちが辺野古新基地建設を許すことは、沖縄を未来永劫、基地の島として固定化することに他なりません。

知事は体調を崩されているとお聞きしますが、ゆっくりと静養して頂いたのち、『埋め立て不承認』という歴史に残る英断を下されるであろうことを私たちは信じています。

一六年前の名護市民投票の時から、名護の女性たちと宜野湾の女性たちは熱い友情を育んできました。また、この一六年間、全県のうない（姉妹）たちの温かい繋がりの輪が未来に向けて行動する力になってきたと思います。

名護はあれから五度目の市長選を間近に控え、最大の正念場を迎えています。『海にも陸にも基地はつくらせない』という公約を貫き、『名護市民の誇りをかけて辺野古移設断固反対』の意見を県に提出した稲嶺進市長は私たち市民の誇りであり、安倍政権のあからさまな介入や圧力をはねのけ、何としても再選を勝ち取らなければなりません。

ここにお集まりのうないのみなさん、いきが（兄弟）のみなさん、参加はできないけど同じ思いを持った多くの県民とともに、平和で自然豊かな島を作るために今後も頑張っていきたいと思います。

最後にもう一度、『仲井眞知事は公約を守り、辺野古の埋め立てを承認しないで下さい』」

「ヘリ基地いらない二見以北十区の会」の共同代表を（私とともに）務めている渡具知智佳子さんもリレートークで発言し、「子どもたちは大人の背中を見て育つ。知事は子どもたちに恥じない選択をして欲しい」と訴えた。集会で採択されたアピール文は、知事が東京の病院に検査入院中のため、登庁を待って届けることになった。

[追記]

12月11日、公明党沖縄県本部は普天間基地の県外移設を求める知事提言書を正式決定し、13日、仲井眞知事に提言書を手渡して「埋め立て不承認」を求めた。公明党県本は9月から、基地問題に関するプロジェクトチームで埋め立て申請に対する知事提言の取りまとめを進め、その内容を議員総会の全会一致で決定したという。自民党とともに県政与党である公明党が、自民党と同様の「中央とのねじれ」に負けず、ウチナーンチュとしての誇りを守ったことは嬉しいニュースだった。これを知事がどう受け止めたのか、「自身の可否判断について予断を与えなかった」（14日付『琉球新報』）という。

# 第5章

２０１３年12月～２０１４年6月

# マブイを落とした仲井眞知事

## 名護市民はウチナーンチュの誇りを守る

### 仲井眞知事が辺野古埋め立てを「承認」！

２０１３年12月31日記

ギロチンは落とされた

「私たちは今、ギロチンの前に立たされている気持ちです」

２０１３年12月18日、前週の10日に開催された「知事は公約を守って、辺野古埋め立てを認めないで下さい」女性集会実行委員会が行った要請の席上、東京の病院に入院中の仲井眞弘多知事に代わって応対した高良《たから》倉吉副知事に、私はそう言った。副知事は「そんな……（おおげさな、と言いたかったのだろう）」と言葉を濁したが、それは、この一六年間、新基地建設問題に翻弄され続けてきた地元住民としての私の正直な気持ちだった。沖縄選出・出身の自民党国会議員が、そして自民党県連が、自民党本部の恫喝・圧力に屈して次々に「県外移設」の公約を翻す中で、最後の頼みの綱とも言うべき知事が公約を守ってくれるのか否かに、地域の「生死」がかかっているという、せっぱ詰まった思いである。

同席した女性県議らは口々に、その前日、仲井眞知事が沖縄政策協議会で、政府に辺野古埋め立て承認の条件とも受け取られる要求を提示したこと、「県外移設」に言及しなかったことなどについての不安や懸念を質したが、副知事は「政府の本気度を測るためで、知事の姿勢は変わらない」と繰り返した。

それから一〇日も経たない12月27日、地元住民・県民の切なる願いも空しく、仲井眞知事は辺野古埋め立て申請の承認を表明した。ギロチンは落とされたのだ。

## 県庁ロビーを抗議の県民が埋める

それに先立つ25日、降りしきる冷たい雨の中、一五〇〇人の県民が県庁を取り囲み、知事に「埋め立て不承認」を求める声をあげたが、ちょうどその頃、仲井眞知事は東京の首相官邸で安倍首相と会談していた。その中で、先に知事が求めた要望に対する首相の回答を「驚くべき立派な内容」と最大級の表現で褒め称え、「一四〇万県民を代表して感謝申し上げる」と述べた、という報道は、県民を驚きあきれさせた。

知事が要望した「普天間基地の五年以内の運用停止・早期返還、オスプレイ一二機を県外拠点に配備、地位協定改定」等々への回答は、いずれも「努力する」「全力で取り組む」というだけの担保のない口約束であり、米国の姿勢（地位協定の改定には応じないと明言したばかりだ）からも、それらが実現する可能性はほとんどないことを県民は知り尽くしている。

24日の閣議で決定された、県の要求を上回る来年度沖縄予算三四六〇億円（本年度より約15％増）には、知事を「落とす」ための意図が見え見えだった。しかし、知事自身が「振興策と基地問題は別」と言い続けてきたように、基地と取り引きされる筋合いのものではない。これに対する知事の「心からの感謝」は、県民がカネと引き替えに基地を受け入れたという誤ったメッセージを政府と国民に与え、県民にとっては最大の侮辱・屈辱だ。

腰痛を理由に入院していた（「軟禁されていた」と言う人もいる）東京の病院（「沖縄にも病院はたくさんあるのに……」と首をひねった人も多い）で、何か変な注射か薬を盛られたのではないか？　というのが、私の周囲のもっぱらの話題になった。首相との会談後、知事は上機嫌で「いい正月を迎えられる」と言ったというに及んでは、あきれ果てて言葉もない。

27日朝、「埋め立て承認」の知事公印が押され、沖縄防衛局に発送されたという知らせを受けて二千人の県民が県庁を包囲し、「屈しない」のボードを掲げ抗議の声をあげた。その後、県庁ロビーに一千人が座り込み、抗議集会を行いながら午後3時の知事の記者会見（正式発表）を待った。

当初、県庁内での記者会見が予定されていたにもかかわらず、知事は県民の怒りに恐れをなしたのか、知事公舎にこもったまま登庁せず、動員された県職員と県警に何重にもガードされた知事公舎で異例の記者会見を行った。知事から事前に「承認」について何の説明も受けなかった野党県議団が説明を求めて知事公舎に赴いたが、敷地内に入るどころか近付くことさえできなかったという。知事公舎から県庁ロビーに戻ってきた議員団は怒りを込めて、集まった県民に報告した。

県庁ロビーのテレビに映し出された知事の記者会見は無惨だった。うつろな目は「完全にマブイ（魂）がヌギ（抜け）て」いた。「東京に落としてきたはずよ」と誰かが言った。

知事が読み上げた「紙」には、これまで沖縄県の土建部局が公有水面埋立法に基づき、防衛局に何度も質問を繰り返しながら長期間をかけて精査してきた努力も、環境保全の観点から環境部局が出した見解も、二五〇〇件以上の市民意見をベースに名護市長が出した「辺野古移設断固反対」の意見も、何一つ反映されなかった。

公有水面埋立法4条に照らせば、埋め立て海域が「沖縄県自然環境保全指針」の「厳正に保全すべきランクI」に評価されており「国土利用上、適正かつ合理的」とは言えないこと、埋め立て土砂への特定外来生物アルゼンチンアリの混入、オスプレイの騒音や低周波音、事故等々、「環境保全や災害防止に配慮」されているとはとても言えないなど、どれをとっても適法と言えるものは一つもない。「埋め立て承認・不承認」の判断基準が「法」ではなく、政府の「振興策」と「負担軽減策」にねじ曲げられたのだ。知事の「県外移設」方針のもと、法に則って一生懸命仕事をしてきた県の幹部や職員も、さぞかし悔しい思いをしているだろう。

辺野古の埋め立てを「承認」しながら「県外移設」も変えないという知事の矛盾した発言について質問した記者に、知事は「それは質問か、私に対する批判か」と気色ばんだ。あまりにも無様な姿だった。

## 裏切りを許さない

為政者による年末の裏切り――。それに既視感を覚えたのは私だけではないだろう。とりわけ私たち名護市民は、ちょうど一六年前、市民投票で示された「新基地NO」の市民意思を、日本政府の圧力に屈した比嘉鉄也市長（当時）が裏切り、基地受け入れ表明と同時に引責辞任したあの年末を、（市民投票の勝利という）天国から地獄へと突き落とされた衝撃とともに、生々しく思い出さずにはいられない。以来、名護の年末は必ず荒れるというのがありがたくないジンクスとなり、私たちは政府の「アメとムチ」に地域を切り裂かれ、苦難の道を歩まされてきた。

市長による市民への裏切りから始まった辺野古基地問題は、一六年経って県知事による県民への裏切りに行き着いた。しかしながら、（「埋め立て承認」という）ギロチンで切り落とされたのは、市民の首でも県民の首でもない。仲井眞知事は自ら、政治家としての命と、ウチナーンチュとして、人間としての誇りを切り落としたのだ。沖縄はカネで思い通りになるという沖縄差別に充ち満ちた日本政府のシナリオに進んで乗ることによって、沖縄の歴史に大きな汚点と悪名を残すことになった。

比嘉市長による基地受け入れ表明から一六年。日米両政府のカネと権力を総動員した攻勢にもかかわらず、私たちは辺野古の美しい海に未だ一本の杭も打たせていない。一六年の間に名護市長は四人、県知事は三人替わり、基地建設計画の中身も変化した。その間、日本政府による強権的な作業が幾度

包囲行動のあと、知事の説明を求めて1000人余の県民が県庁ロビーを埋めた
(2013年12月27日午後)

も、ある時は海上自衛隊まで投入して試みられたが、地元住民の粘り強い抵抗と、それを支える全県・全国、世界にまで広がった共感の輪に阻まれて、それらはことごとく失敗した。天も住民に味方し、海上での作業強行には、海の神様が頻繁な台風を送ってくれた。

私たち名護市民は、第二の市民投票と言われた四年前の市長選挙で「海にも陸にも基地を造らせない」公約を貫く稲嶺進市政を誕生させた。それは、沖縄の最大の財産である自然環境を回復不可能に破壊し、半永久的な基地固定化をもたらす辺野古新基地建設に反対するオール沖縄の大きなうねりへと発展した。地域は誇りを取り戻し、分断を超えて歩み始めている。

27日、県庁ロビーを埋め尽くした多くの県民とともに私も、「沖縄を返せ」や、基地反対運動の中から生まれた「一坪たりとも渡すまい」「喜瀬武原《キセンバル》」などの歌を歌った。みんなで腕を組んで思い切り歌うのはずいぶん久しぶりだ。どんなことがあっても「めげない」「屈しない」みんなの思いが伝わってきて胸が熱くなり、元気をもらった。

カネと圧力に屈した知事が埋め立てを承認したことは、県民の意思がいささかも変わったことを意味しない。琉球新報社と沖縄テレビが28、29日に行った県内電話世論調査で、埋め立て承認を公約違反としたのは72・4％、承認への支持34・2％、不支持61・4％だったという。知事の辞職・辞任を求める声も高まっている。「埋め立て承認」はむしろ、住民・県民の抵抗をいっそう強める結果を招くだろう。それを敢えて強行すれば、現場の混迷はきわまり、基地問題の解決はますます困難になる。仲井眞知事はその責任をどう取るというのだろうか？

辺野古基地建設は不可能であり、普天間基地の返還・撤去を遅らせているのは辺野古への執着に他ならない。それがこの一六年の教訓だ。日米両政府がそのことを認識し、新基地建設を断念するまで、私たちはこれまでやって来たことを続けるだけのことだ。

名護市長選勝利へ向けて

知事の「埋め立て承認」と軌を一にして、1月19日投開票の名護市長選挙に立候補表明していた前市長の島袋吉和氏が挙げていた手を下ろし、知事の承認によって「辺野古移設推進」を堂々と言えるようになった前副市長の末松文信氏に「一本化」された。すべてが筋書き通りに行って政府・自民党は胸をなで下ろしていることだろう。

今後ますます政府がらみのカネが、名護市民を「落とす」ために大判振る舞いされるだろう。右翼団体の稲嶺陣営への攻撃や妨害もいっそう強まることが予想される。一地方自治体の市長選に政府が総力をあげて介入してくる恐ろしさを感じながら、しかし私たちは、負けるわけにはいかない。なんとしても市長選に勝利し、新しい年を、「名護市民の誇りにかけて辺野古基地建設に断固反対する」（沖縄県に提出した市長意見）と明言する稲嶺市長とともに、仲井眞知事が分断した「オール沖縄」を再び、市民・県民の手に取り戻す年にしたい。

辺野古の海にやがてニングヮチカジマーイ（二月風廻り）が吹き荒れる。自然の声を聞き取れない人は遭難する危険性が高い。リーフに砕ける白い波を眺めながら、私は、「食べ物も薬も全部自然から来る。自然を壊したら罰が当るよ」と口癖のように言っていた、今は亡きTおばぁの言葉を噛みしめている。

## 「いい正月」を迎えました

2014年1月1日記

それは見事な初日だった。

午前7時前、2014年元旦の辺野古の海は穏やかに凪ぎ、快晴の空が明るさを増しつつあった。辺野古の浜には、東の水平線から昇る初日の出を稲嶺進名護市長夫妻とともに拝もうと、たくさんの人々が集っていた。嘉陽宗義・芳子夫妻をはじめ辺野古の長老たちの姿も見える。

水平線にたなびいていた雲の隙間に真紅の光が見えると、稲嶺市長の隣に座っていた参議院議員の糸数慶子さんが初日に向かって御神酒（泡盛）を捧げた。彼女の音頭で、水平線に向かってみんなで手を合わせ、祈りを捧げる。この海がいつまでも「清ら」でありますように、この島に一日も早い「平和」が訪れますように、と誰もが祈り、そして、間近に迫った名護市長選の必勝を誓っていたに違いない。

やがて、大きな日輪が真紅の完全な姿を現すと、人々の間からどよめきが起った。長老たちも「今まで、これほど見事な日の出は見たことがない」と口々に言う。凪もなく、穏やかそのものの海と空がピンクに染まっていく。「おもろさうし」の一節を思い出し、ニライカナイの神々が、名護市長選の勝利を予祝してくれているような気がした。

市長選の勝敗にかかわらず、今年は安倍政権の強権や暴力が吹き荒れることが予想される。そんな年の初めのあまりの穏やかさが不思議な気がしたが、それは、どんな中にあっても「心は常に穏やかであれ」という海の神様からの「お年玉」だったのかもしれない。（県民の怒りを恐れて外に出られず、知事公舎に引きこもっているという仲井眞知事は、どんな「いい正月」を迎えたのだろうか……）

［琉歌］
初太陽《はちてぃだ》に染まる　辺野古《ひぬく》海向《ん》かて
平和世《ゆー》祈ら　万人《まんちゅ》ともに

〈悦子〉

## ウチナーンチュの誇りを守った！──名護市長選勝利報告

２０１４年１月26日記

１月19日（日曜）に投開票された名護市長選挙で、私たち名護市民は、「海にも陸にも新たな基地は造らせない」公約を貫き、「基地と引き換えのカネに頼らない自立したまちづくり」を進める稲嶺進市長を再選した。稲嶺氏は一万九八三九票と前回より票を伸ばし、政府・自民党の全面的支持・支援を受けた末松文信候補（一万五六八四票）に四一五五票の大差をつけた（投票率は前回とほぼ同様の76・71％、前回の相手候補だった島袋吉和氏との票差は一五八八票）。

「ほんとか？ 早すぎる」

この日、投票を済ませた朝から気が気ではなかった。「生きた心地がしない」とはこのことを言うのかと思うほど、居ても立ってもいられない気持ちだった。瀬嵩の渡具知智佳子さんも、「恐ろしくて、とても家で開票結果を待つ気にはなれない。みんなと一緒に待ちたい」と、早々と稲嶺進選対二見以北支部事務所に来ていた。

午後８時１分、事務所の前に臨時に設置されたテレビ（琉球朝日放送）が「稲嶺氏当選」の速報を流した。集まっていた地域住民の間から悲鳴にも似た歓声が上がる。「ほんとか⁉ 早すぎる……」と、信じられない頭を振る人もいる。前回の「当確」速報は８時３分に出た。よほどの圧勝かと思ったが、票差は多くなく「冷や汗ものだった」と後で聞いた。接戦と言われた今回は、メディアももっと慎重に発表するだろうと思っていたので、前回より早く、投票時間が終わった途端の報道には驚いた。しかし、すぐに「他局も流している」との声。智佳子さんと抱き合って、うれし涙を流した。

進さん（と、いつも呼んでいるように呼ばせてもらう）は、慎重を期してＮＨＫの「当確」が出てから選対本部に姿を見せ、詰めかけた数え切れない人々と勝利の喜びを分かち合い、記者会見した（私たちはその様子をテレビの中継で見ながら「バンザイ」を繰り返した）あと、市内各所に設けられた地域支部廻りの一番目に、二見以北支部へ足を運んだ。

二見以北支部事務所のある汀間集落は、進さんの「ンマリジマ（生まれ島）」である三原の元ジマ（かって汀間の一部であった三原は、廃藩置県による旧士族の入植により人口が増加して分字した）だ。12日の告示日にも、彼は名護市街地での第一声のあと汀間に来て、汀間ウタキ（御嶽）の神様に祈りを捧げてから、集まった地域住民の前で、自分を育ててくれたシマの自然と先輩方への感謝を述べた。この日もまず、当選の報告とお礼をウタキの神様に行い、それから、待っていた住民らをねぎらった。

名護市街地での彼の演説もすばらしいが、ンマリジマでの進さんの話を聞くと、海や山の自然と人々への深い愛情がことのほか感じられ、自分を育ててくれた大浦湾を絶対に守りたいという強い思いが伝わってきて、いつも目頭が熱くなる。この人の決意は本物だと実感し、勇気をもらえるのだ。

「闇の中の魑魅魍魎」とのたたかい

稲嶺市政四年間の確かな実績、国に対しても県に対しても堂々とものを言い、確固としてぶれない姿勢、誠実そのものの人柄と目線の低さへの絶大なる信頼が、名護市民だけでなく多くの県民、県外・国外の人々をも引きつけ、選対本部はいつも人で溢れていた。あまりにも多い来客対応に後援会幹部は嬉しい悲鳴をあげ、何かを手伝いたいとひっきりなしに訪ねてくる人たちに、配ってもらうビラも底をつくほどだった。稲嶺陣営の訴えに対する市民の反応の良さも前回を上回り、市外から応援に来た人たちがびっくりしていた。

にもかかわらず、これまででいちばん恐ろしい選挙だと感じ続けたのは、相手が国家権力という「闇の中の魑魅魍魎《ちみもうりょう》」だったからだ。１９９７年の名護市民投票以来、名護の選挙はずっと、民意に反して基地を押しつけてくる政府とのたたかいだった。一地方自治体の選挙に国があの手この手で介入してくる尋常でない状態がずっと続いていたとはいえ、今回の選挙はその程度が違った。国家が全体重をかけて、稲嶺市政とそれを支える市民を潰そうと襲いかかってくる怖さ……と言ったらいいだろうか。

相手候補一本化の前から既に、飲屋街などを中心にあちこちで実弾（カネ）が飛び交っているという噂はあったが、末松候補に一本化してからは本格的に始動したようだ。市街地商店街に店を持っているある稲嶺支持者は、「回りはみんな『カネが入るのになぜ基地に反対するの？』という雰囲気で、ものが言えない」と、眉をひそめながら話していた。

表面的な反応の良さに騙されてはいけない、というのは、この間の選挙の経験から来る教訓だ。沖縄の住民で基地を心から歓迎している人など誰もいない。基地はない方がいいとみんなが思っているから、基地反対の訴えには誰もが拍手する。しかし、それがそのまま投票に結びつくわけではない。基地問題以外の基準で投票する人も多いし、投票に行かない人もいる（電話作戦をやっている時、「私は中立なので投票に行きません」とはっきり言う人がいて驚いたこともある）。

2014年1月12日朝、稲嶺選対出発式

選挙期間中、進さんの演説会はいつも大盛況。至る所で市民のVサインに迎えられ、支援者たちが続々と名護入りする。メディアも「稲嶺優勢」を報じる中で一生懸命動きながらも、私は、その表面を一枚剥がした「闇」から何が出てくるかわからない不安を常に感じていた。

案の定、宜野湾市長選挙で暗躍した謀略ビラのプロ集団が名護に拠点を構えたとの情報が入る。間もなく、出所不明ビラや「沖縄維新の会」名の誹謗中傷ビラが大量に撒かれ、二見以北支部近くでは、地域住民と中傷ビラを配布に来た二台のレンタカーとの「捕り物劇」が演じられた（一度は捕まえたが、逃げられてしまったとのこと）。しかしビラの内容は、いずれも根拠のないものばかりで（「自分たちがやっていることを書いている」とみんな嗤っていた）、稲嶺陣営の基本的な反論ビラの前に、ほとんど効果はなかったようだ。

それより怖いのは、やはり「実弾」だった。

パチンコ店やカラオケ店で万札と名刺を入れた封筒が配られているとか、タクシーに乗ったら後部座席に一〇万円の入った封筒が置かれていたとか、黒い背広の見慣れない人たちが街や住宅地をうろうろしているとか、若い男の二人組がレンタカーでカネを配って回っているとか、さまざまな話が聞こえてきた。市外から来た支援者が路地を歩いていたところ、実際にビラと一緒に封筒を渡す現場を目撃したという情報も選対本部に届いた。官房機密費からどのくらいのカネが流れているのだろうか……。

そんな話を聞く度に「カネはもらっても、心は売らないで欲しいね」と友人たちと語り合った。「普通に考えれば『負ける』要素は一つもない。万が一負けるとするなら、それは『カネ』だ。もしそんなことにでもなったら、私たちは恥ずかしくて外を歩けなくなるね……」。

そんな会話までしていただけに、「勝った」喜びはひとしおだった。とりわけ基地問題に翻弄され続けてきた地域住民としては、万が一選挙に負ければ、すぐにでも基地建設工事が具体的に始まってしまう、という恐怖と同時に、何よりも恐ろしかったのは、稲嶺市政になって芽生えてきた地域の融和への動きと自立の芽が潰され、再び、上から降ってくる（基地と引き換えの）カネにすがる「奴隷の道」へと戻ってしまうのではないか、地域が再び分断され、ものの言えない暗黒の中に突き落とされてしまうのではないかということだった。稲嶺陣営のめざす未来と末松陣営のめざす未来は真逆であり、その明暗を分かつ選挙だったのだ。

智佳子さんと私は、「名護市民は偉い‼」と何度も言い合って泣き笑いした。雨霰と降ってきた「カネ」という弾丸に名護市民は負けなかったのだ！

## 「阻止」と「推進」――ストレートに問われた基地問題

一息ついて客観的に考えてみると、これは勝つべくして勝った選挙だったのかも知れないと思う。

進さんが演説会でも繰り返し言っていたように、今回の名護市長選挙は「名護と沖縄の未来を決する」選挙であり、「日本の民主主義を問う」選挙だった。ここで負ければ名護だけでなく沖縄の未来が閉ざされてしまう、日本の民主主義が壊れてしまう、という危機感を持って市外・県外の人たちも「わがこと」として応援し、あるいは固唾を呑んで見守った。それは、選挙結果を知った市外の友人たちが口々に「おめでとう！」と同時に「ありがとう！」と繰り返したところにも現れている。名護市民の選択が沖縄を、日本を救ってくれたと感じたのだろう。

今回の選挙の特徴は、基地問題がストレートに問われたことだった。進さんは新基地「反対」からさらに踏み込んで「阻止する」と言い切り、一本化した相手候補は「容認」から「推進」へと姿勢をはっきりさせ、対立点がクリアになった。有権者も、これまでのように基地問題を避けたり、あいまいにするのでなく、真正面から見据え、第一の選択基準とした人が多かったことが、地元メディアの世論調査でも明らかになっている。

その背景には、昨年末の仲井眞知事の埋め立て承認がある。政府は、基地推進候補の一本化のために年内の知事承認という筋書きを作り、それに沿って沖縄選出自民党国会議員を落とし、自民党沖縄県連を落とし、「振興策」と「基地負担軽減」で知事を落とし、最終目的を達成した。それは安倍自民党と仲井眞知事の共演であり、彼らは筋書き通りにうまく行ったと、ほくそ笑んだかも知れない（「いい正月が迎えられる」と言った知事の本心はそこにあったのだろうか?)。

しかし、それらはすべて裏目に出た。彼らの筋書きには、沖縄差別・蔑視に満ち満ちた政府の脅しと恫喝、県民の代表たる人々があえなくそれに屈していく様を見せつけられる県民の屈辱と怒りが、最初から除外されていた。「脅しとカネで沖縄は思い通りになる」という蔑視に、もうこれ以上我慢できないという県民の爆発寸前の思いなど、想像もできなかったのだろう。

末松候補は米軍再編交付金をもらわない稲嶺市政を批判し、政府からもらうたくさんのカネで、学校給食の無料化をはじめ名護を「楽園」にすると宣伝していたが、それは自分を縛る奴隷の鎖をますます太くするだけにすぎないことを賢明な市民は見抜いていた。「安倍首相が『全面支援』」「仲井眞知事と『ガッチリ結束』」などという見出しが踊る末松氏のビラを、市民は冷ややかな目で見ていた。

## 保革を超えた沖縄の「良心」

1月8日に名護市屋内運動場(ドーム)で行われた稲嶺進総決起大会は、開会前の大雨にもかかわらず三八〇〇人の熱気に溢れた。受付を担当していた私たち女性部は、続々と会場入りする参加者への対応に声を枯らし、汗だくになった。

進市長の決意表明はもちろんだが、大会で最も大きな拍手を浴びたのは、県内最大のホテルチェーンである「かりゆしグループ」のCEO(最高経営責任者)・平良朝敬《たいらちょうけい》氏の応援演説だった。「観光産業は平和産業だ。オスプレイがブンブン飛び回るようなところに観光客は来ない。平和でなければ成り立たない」と彼が力強く述べると、割れんばかりの拍手が響いた。前回選挙では対立候補であった島袋吉和氏を支持していたという彼は、基地問題を巡るこの四年間の推移の中で、保守・革新を超えた「沖縄のアイデンティティ」を自覚するようになり、今回は社をあげて稲嶺氏を支持・応援している。その引き金になったのは仲井眞知事の埋め立て承認だったという。「辺野古基地は絶対に造らせてはならない。そして、もう一つ、稲嶺さんにお願いがある。米軍キャンプ・シュワブを返還させて欲しい」と彼は言い、現在の基地従業員数は二〇〇〇名余でしかないが、ここをリゾートホテルにすれば二万人の雇用を生み出せる自信がある、と語った（稲嶺支持に回ったかりゆしグループに対し、企業の予約キャンセルなどの嫌がらせがあることを知った市民・県民らが、個々人が積極的に利用して応援しようと呼びかけている）。

もう一人、注目されたのは、元自民党沖縄県連の重鎮で、県連顧問、県議会議長も務めた仲里利信《としのぶ》氏だ。彼は、自身が後援会長を務めていた西銘《にしめ》恒三郎衆議院議員が政府の圧力に屈して公約を破棄したことを受け入れられず後援会長を辞し、自民党も離党した。仲井眞知事が埋め立て承認した12月27日からほぼ毎日、マイクを取り付けた自家用車で名護入りし、市内をくまなく回って一人で「稲嶺支持」を訴えているという。その原点は自らの戦争体験だ。子や孫に二度とあのような思いをさせてはならない、保革を超えたオール沖縄の「基地NO」を示さなければ、と語る七〇代半ばの彼の姿に、沖縄の「良心」を見る思いがした。

翌9日には名護市民会館大ホールで末松陣営の総決起大会が行われた。年明け早々から、自民党の若手で「おばさま」たちに人気があるらしい小泉進次郎氏が応援に来るという写真入りの横断幕が市内各所に貼られていた。主催者発表の参加者は三六〇〇人とのことだったが、会館職員によれば、そもそも市民会館の収容人員（席数）は一千人余。通路やロビーを満杯にしても最大一八〇〇人程度という。様子を見に行った人の話では、小泉進次郎目当ての参加者も多かったらしく、彼の演説が終わった途端、二〜三割の人たちが、末松候補の話も聞かずに帰ってしまったとのこと。

その翌日（10日）には、同じ市民会館大ホールで、新外交イニシアティブ（ND）主催による「普天間基地返還と辺野古移設を改めて考える」シンポジウムが開催された。チラシに、NDは「政策提言・情報発信を通じ、日米および東アジアにおいて実際の外交・政治に新たに多様な声を吹き込むシンクタンク」と説明されており、名護市も市としてその会員になっている。ND理事の柳澤協二氏（元内閣官房副長官補・元防衛省防衛研究所長・元防衛庁官房長）が基調講演を行い、進市長、前述の仲里氏、前泊博盛氏（沖縄国際大学大学院教授）がパネリスト（コーディネーターはND事務局長の猿田佐世弁護士）として登壇するとあって、短期間の取り組みではあったがみんなが必死に広報に努め、当日は二階席まで満杯の大盛況。終盤で進さんが、「（もし政府が埋め立て＝基地建設を強行するなら）自分が先頭に立って阻止する」と語ると、仲里さんが「自分も一緒にやる」と合いの手を入れる一幕もあった。

## 知事の応援に市民は総スカン

「今回の選挙の敗者は三人いる。末松文信氏と仲井眞知事、安倍首相だ」と地元紙が述べたように、それは、新基地建設と、基地がらみのカネへの明確な「NO！」の民意を改めて示したと同時に、「県外移設」の公約を破棄し政府の筋書きに乗って辺野古埋め立てを承認した仲井眞知事の裏切りに「不信任」を突きつけるものであった。

この選挙の勝敗が自らの信任にかかわることを自覚していた知事は、連日名護入りして末松候補の応援に奔走した。しかし、名護選出の玉城義和県議が告示日（12日）の出発式で「知事が来れば来るほど（末松候補の）票は減る」と述べた通りの結果になった。県議会を休んで東京の病院に入院し、車椅子や杖を頼って移動する姿をテレビ画面に見せていた知事が、選挙カーの梯子を軽々と上り、小走りに動き回るのを見て名護市民はあきれ、「あれはやっぱり仮病だったんだ」とささやき合った。たまたま通りかかって末松候補と仲井眞知事が街頭演説しているのを見かけた人は「誰も聞いている人はいなかった」と話し、地元メディア記者によれば、車の中から腕を交差して「×」の意思表示をするドライバーもいたという。

告示日の両陣営の出発式を見た観光客の女性たちが「あっちに集まっている人たちと、こっちに集まっている人たちは人種が違うみたいだね」と話しているのを聞いたと、地域の友人は笑いながら話していた。

相手陣営の焦りは、稲嶺陣営のポスターを破ったり、こちらのポスターの上に自分たちのポスターを貼るなどの行為としても現れた（稲嶺選対はすぐに抗議して原状回復させた）。アルバイトや企業動員で一斉に貼られた「名護に新しいリーダーを」「夢と希望のある名護市を」などのポスターと、「あなたの一票を屈しない現市長へ」のポスターのどちらが市民の心を捉えたかは、選挙結果が物語っている。

安倍政権は、自民党本部から石破茂幹事長、小渕優子衆議院議員、菅義偉官房長官などの大物を次々と送り込んで末松候補を応援したが、名護市民・沖縄県民の怨嗟の的になっている安倍自民党が力を入れれば入れるほど逆効果を生むのは当然だった。

その極めつけが、石破幹事長の「五〇〇億円の名護振興基金」発言だった。12日に「基地の場所は政府が決める」と言って県民の憤激を買った石破氏が「三日攻防」に入った16日に名護へ来て、「安倍政権は、名護が沖縄一幸せなまちになるために、沖縄が世界一幸せな島になるために全力を尽くす」と語り、「スエマツビジョンの実現のために、新たに五〇〇億円の名護振興基金をつくる」と言ったのだ。「新たな基金」については菅官房長官が否定し、従来の交付金から取り出しただけのものに過ぎないことが明らかになったが、名護市民を札束で引っぱたき「五〇〇億円」で人心を買おうとするこの発言は、「名護マサー（勝り）」と言われるナグンチュ（名護人）の誇りを著しく傷つけるものだった。進市長は「金権政治そのものだ」と批判し、市民は「すべてカネ、カネ、カネ……。幸せもカネで買うというのか！」「バカにするにもほどがある‼」とあきれ、怒った。推測に過ぎないが、これをきっかけに稲嶺進に票を入れた人もいるのではないだろうか。

## 女たちの底力、総合力の勝利

三日攻防に入ってから、あるいは投票日前日の一晩で（カネによって）ひっくり返されると、まことしやかに言う人もいて、稲嶺陣営は最後まで緊張の連続だった。当初「自主投票」だった公明党沖縄県本部（自民党と同様、中央本部との「ねじれ」を抱えているが、公明党県本は圧力に屈することなく知事に「埋め立て不承認」を求めた）が「末松支持」に舵を切ったという情報も入り、心配していたが、公明党や創価学会の末端会員、特に女性たちがそれに従わなかったようだ。

選対本部、各支部、労組選対、市民選対（勝手連）、支持政党の各選対など、それぞれがそれぞれの持ち場で頑張った総合力が勝利を勝ち取った。普段は主義主張も活動分野もちがう寄り合い所帯の調整に尽力した稲嶺後援会や選対本部はほんとうにたいへんだったと思う。私は今回、選対本部の女性部と二見以北支部を中心に動いたので、他の様子はよくわからないが、女性たちの底力、地域の結束の中に学ぶこと、感じるものの多い選挙だった。

前回に続き今回の名護市長選でも女性部の活躍は目覚ましかった。市内を一軒一軒丁寧に回って支持を訴えるのも、街をにぎやかに道ジュネー（行進）するのも女性たちの得意技だ。運動員たちに自慢の腕を振るう炊事班を含め、稲嶺選対事務所にはいつも女性たちの笑い声が満ちていた。女性部は、私と同世代の人たちが多く、仕事や子育てに忙しい世代に代わって「私たちが頑張らないと！」というのが共通の思いだ。私もそうだけれど、この年になると、次の世代に何を残すのかが最大の課題であり責任だと痛感する。今回の市長選で稲嶺氏が掲げた「すべては子どもたちの未来のために すべては未来の名護市のために（そのためには基地はいらない）」というスローガンは、そんな女たちの琴線に触れるものだった。

これだけのカネと物量と権力を総動員した政府の介入を見事はねのけ、自らの意思を貫き通した名護市民、子や孫に恥ずかしくない選択をした名護市民の一人であることを、私は心から誇りに思う。そして、全幅の信頼を寄せられるリーダーを持てた幸せを噛みしめている。この選挙を「恐ろしい」と感じていた自分は、名護市民への信頼が足りなかったと恥ずかしく思う。この間の経過を振り返ると、まさに勝つべくして勝った選挙、歴史の必然だったのではないかとさえ思えてくるのだ。

### 「市民が稲嶺さんを育てた」

前述の平良朝敬氏や仲里利信氏に加えて、実はもう一人、今回の名護市長選を、身を呈して応援したかつての保守政治家がいた。選挙期間中、いつも袋一杯のチョコレートを持ち歩き、稲嶺陣営の選対本部をはじめ市内の各選挙事務所を回って運動員を「ご苦労さん」とねぎらい、チョコレートを配るので「チョコレートおじさん」と呼ばれていた。二見以北支部にも訪ねてきた「座喜味《ざきみ》」と名乗るその人が、「仲井眞くんは僕の部下だったんだがね……」と語るのを半信半疑で聞いたのだが、あとで、彼が西銘順治県政時代の副知事であり沖縄電力の社長も務めた座喜味彪好《たけよし》氏（彼が仲井眞氏を沖縄電力に入れたのだという）であることを知って驚いた。

この三人に共通しているのは「辺野古基地建設を受け入れたら、沖縄はダメになってしまう」という強い危機感だ。そしてそれは彼らだけでなく、沖縄県民・名護市民の共通の思いでもあった。前回は島袋吉和氏に票を入れたが、今回は稲嶺進に入れたという選挙民が少なくなかったことを知り、私は、大きな「地殻変動」のようなものを感じている。これはもう元に戻ることはないだろう。前回の名護市長選挙は「第二の市民投票」と言われたが、今回の方がもっと、そう呼ぶにふさわしいのではないかと思う。基地反対はもちろんだが、「大事なことは市民（自ら）が決める」というのが市民投票のコンセプトだったからだ。

これまで選挙や「運動」というものに距離を置いていた若者たちが動き始めたのも、「地殻変動」の一つだ。インターネットを使った動画配信や、「選挙に行こうぜ！」というタイトルで両候補者の政策を平等に並べ、「僕らの未来は僕らで選ぶ」と呼びかける親しみやすいビラを作って配るなど、若者たちの自主的な行動が目を引いた。高校生たちも市長選の模擬投票をやったり、ツイッターで運動を呼びかけたりした。みんなが、自分たちの未来に直接関わる問題だと真剣に考え始めたのだ。選挙戦最終日の18日には、地元・名桜大学二年次の学生たちが街宣車の上から、「自分たちはまだ選挙権はないけれど、沖縄の美しい海を未来に残したい」と、大人たちへ「賢明な判断」を呼びかける演説を行った。

この間の地元二紙（『沖縄タイムス』『琉球新報』）の奮闘ぶりも特筆に値する。「公器」としての新聞が直接選挙応援はできないが、沖縄県民を愚弄し、人権と民主主義を蹂躙する安倍政権や仲井眞知事の裏切りを、県民の立場に立って舌鋒鋭く批判する社説や解説記事に県民は溜飲を下げ、拍手を送った。これが名護市長選勝利の援護射撃になったことは間違いない。沖縄県議会の野党会派が、名護市長選告示直前の1月10日、仲井眞知事の埋め立て承認に抗議し、辞職を求める決議案を提出し、賛成多数で可決したのも、市長選への「エール」の意味が込められていた。それぞれの人たちがそれぞれの持ち場で精一杯頑張った、その総合力がこの勝利をもたらしたのだ。

19日、選挙結果を待つ二見以北事務所に取材に来ていた某テレビ局のカメラマンが「市民が稲嶺さんを育てたんですよ」と、しみじみ言った。彼はこの間の経過をずっと見てきているのだ。「そういえば、当初（前回の初挑戦時）の頃の進さんはちょっと頼りなかったよね。この人、大丈夫かなぁ、ほんとに基地反対を貫いてくれるのかなぁ……と思ったりした。でも、どんどん強く、確固としてきたよね。今はもう、どんなことがあってもぜったいに揺るがないと安心できる」と、私は返した。

## 民意を足蹴にする安倍政権

しかしながら安倍政権は、そんな名護市長と市民への「憎しみ」をむき出しにするかのように、私たちに休む間も与えず投票日の二日後（21日）に埋め立て＝基地建設に向けた手続を開始した（設計、環境調査の受注業者を募る入札を公告）。稲嶺市長は「無神経だ。民意をどう受け止めているのか。信じられない！」と絶句した。

この報道に接し、私の脳裏には一〇年前の辺野古海上阻止行動が蘇った。リーフ上埋め立て案と言われた当時の計画の一環である海底ボーリング調査を、地域住民・市民や県内外の支援者、周辺漁民の非暴力抵抗によって止めたあのたたかいである。海の上で風雨にさらされ、灼熱の太陽に灼かれ、作業員に暴力をふるわれるなど、一年にも及ぶ過酷を極めた攻防の末、ついに一本の杭も打たせずボーリング櫓《やぐら》を撤去させたのだ。

あのつらい経験は二度としたくないけれど、いざとなったら覚悟はしている。しかし今回、安倍政権は同じ轍を踏まないように手を打ってくることだろう。特措法などの悪法、警察権力や海上保安庁、自衛隊（安倍首相は前政権時代にも、アセス法違反の事前調査強行のために海上自衛隊の掃海母艦を辺野古の海に投入した「前科」がある）などを最大限使って、私たちが抵抗すらできない状況を作りあげようとするだろう。そうなったら、辺野古の現場だけではとても止めきれない。

前述したように、今回の名護市長選には、名護市民だけでなく多くの県民・国民が自らの問題として向き合った。国内だけでなく、言語学者のノーム・チョムスキー氏、アカデミー賞受賞映画監督のオリバー・ストーン氏やマイケル・ムーア氏、ノーベル平和賞受賞者マイレッド・マグワイア氏をはじめ米国を中心とする二九人の著名な識者たちが辺野古基地建設に反対する声明を出す（1月7日）など、国際的な関心と応援も呼び起こした。それは、「自分たちの未来は自分たちで決めたい」と願うすべての人々のたたかいでもあったからだ。それを押しつぶそうとする安倍政権の動きは今後、全県・全国的な抵抗を呼び起こすだろう。一〇年前の現場は辺野古の海に限られていたが、これからは辺野古だけでなく全県の至る所、埋め立て土砂採取場所を含め全国の至る所が「現場」だ。そのネットワークで政府の理不尽な暴走をなんとしても止めたい。

同時に、日本政府には一ミリの期待もできないことがはっきりした以上、米国政府と世論に訴え、米国に辺野古基地建設を断念させることが是非とも必要だ。市長と市民で大訪米団を結成して、名護の声を直接届けることはできないかと考えている。

## 原点に立ち戻る

辺野古新基地建設計画に翻弄されて一七年。私たちは今、1970年に新生名護市が誕生したときの原点に立ち戻ったと思う。稲嶺陣営が1月17日の地元両紙に掲載した意見広告（全一面）には、1973年6月に名護市が発表した名護市総合計画・基本構想の次の一文が転載されている。「目先のはでな開発を優先するのではなく、市民独自の創意と努力によって、将来にわたって誇りうる、快適なまちづくりを成しとげなければならない。多くの都市が道を急ぐあまり、ほかならずも生活環境を破壊していった例に接するにつけ、たとえ遠回りでも風格が内部からにじみでてくるようなまちにしたいと思うのである」。
　地域の自然と伝統に根ざし、「自ら汗をかき、自らの手足を使って（稲嶺市長）」作り上げる未来への道程が険しかろうと、どんなことがあっても屈しない。それが、この一七年間の苦闘と今回の名護市長選で得た私たちの確信である。

［追記］
　1月7日に発表された世界の識者らによる「辺野古基地反対声明」はその後さらに呼びかけ人が増え、名護市長選挙の勝利と、その直後の安倍政権による「入札公告」を受けて28日、一〇三人が「沖縄の地元住民による新基地建設拒否の決定を支持する」というプレスリリースを新たに発表した。新たな呼びかけ人には平和学の先駆者であるヨハン・ガルトゥング氏、生物学者のデイビッド・スズキ氏、平和教育家のベティ・レアドン氏など七四人が加わった。「私たちは沖縄の人々の平和と尊厳、人権と環境保護のための闘いを支持する」「沖縄の新基地建設に反対し普天間基地の即刻返還を求め、沖縄の人々の民主主義と人権を無視する安倍氏とオバマ氏に異議を申し立てる」と述べ、英語と日本語による国際署名運動を開始した。29日に開設された署名サイトには二日間で一〇カ国以上から二千人の署名が集まったという。
　沖縄・生物多様性市民ネットワークをはじめ県内外の三三団体（私たち、二見以北十区の会も入っている）が27日、国際自然保護連合（ＩＵＣＮ）侵略種専門家委員会に提出した要請文も、国際世論を喚起する有効な手だてだ。防衛省は、辺野古埋め立てに必要な土砂２１００万立方メートルの八割に及ぶ

1700万立方メートルを県外から持ち込む予定だが、それに含まれる危険性のあるアルゼンチンアリ、コウジカビやセラチア菌（サンゴに悪影響を与える）の混入が強く懸念されており、要請文では、外来種の侵入と拡散の問題について専門家委員会に指導と助言を求めた。

IUCN（国際自然保護連合）は、絶滅に瀕した沖縄のジュゴンやヤンバルクイナ、ノグチゲラの保全勧告を2000年、04年、08年の三回にわたって決議している。亜熱帯の海・山を含むやんばるの貴重な自然、生態系は沖縄だけでなく世界の宝だ。外から持ち込まれる埋め立て土砂は生態系を撹乱・破壊し、世界的な損失を招く。その訴えは必ず国際的な支持を得るだろう。

日本国内では孤立しているかに見える沖縄のたたかい、これまでどんなに努力しても届かなかった地域の声が国際的に認められ、共感の輪が世界中に広がりつつあることは、私たちをこの上もなく勇気づける。私たちは世界の良心とともに、人類の、否、地球の未来を切り開いていけるのだと実感できることが嬉しい。

## 「逆風の時こそ凧はいちばん高く上がる」

2014年2月10日記

2月10日（月曜）午前8時30分、名護市役所本庁舎前で稲嶺進市長二期目の就任式が開催された。早朝から土砂降りの雨で心配だったが、式典が始まるころには小降りとなり、ほっとした。前回、一期目の就任式は駆けつけた大勢の市民で庁舎前はあふれんばかりだったが、今回は、市職員を中心とした、落ち着いた和やかな雰囲気の中で開会された。

挨拶に立った稲嶺市長は、「この雨は、稲嶺進に対する試練でしょうか、それとも恵みの雨でしょうか」と口火を切り、次のように語った（とても心に沁みる挨拶だったので、テープに取ったものを起こしてご紹介したい）。

## 稲嶺進市長二期目就任あいさつ

去る1月19日の市長選で、再度、市民の負託を受け、市政運営の任を担うこととなり、これから四年間、また一緒に仕事ができることをとてもうれしく思います。職員の皆さんとともに築き上げてきた市民目線の市政運営が、目に見える成果として評価をいただいた結果だと確信しています。また、これは同時に、一緒に汗をかいてくれた職員の皆さんに対する評価でもあると思っています。

今回の選挙は普天間飛行場の辺野古移設の推進か反対かを問う選挙でありましたけれども、昨年末からの政府・自民党の異常なまでの介入は地方自治の本旨を脅かすとともに名護市民の誇り、ウチナーンチュのアイデンティティをも踏みにじり、否定するがごとくの行状に市民は怒り、市民自らの尊厳を守り通そうと、辺野古移設にきっぱりと「ＮＯ」の判定を下しました。

これは私の選挙公約のトップに掲げた「すべては子どもたちの未来のために」「すべては未来の名護市のために」、そのためにも辺野古に新しい基地はいらない、再編交付金に頼らずとも名護市政は健全に運営できることを裏付ける結果でもあったと思います。

しかし一方では、政府の異様なまでの辺野古執着が続いています。県知事の埋め立て承認により、今後の手続きで名護市長の許可や協議が必要な項目で不同意の意思を示してきたところではございますけれども、しかし、それ以前に、選挙で示した市民の民意を全く無視する発言を繰り返す政府の対応は、民主主義国家としてあるまじき所業と言わざるをえません。それは戦後六八年間も、植民地と言われるような構造的差別を続けてきた、そのことを体現したものにほかならないと思っております。日米安保の重要性を説くならば、その恩恵も負担も日本国民が平等に担うべきであるということは、これまでも繰り返し発言してきたところでございます。

名護市民、沖縄県民の思いは、県内にとどまらず日本全国、世界からの支持・共感を得て、たいへん心強く思っています。最近の新聞報道によりますと、辺野古新基地建設に反対する国際署名運動でオリバー・ストーンさんをはじめ三八〇〇名余の方々が連帯の署名をしたという報道がございました。われわれ名護市は孤立していません。これだけ多くの心ある方々にしっかりと支えられているという強い心と信念は、これからの大きな力になるものであります。

ウィンストン・チャーチルの言葉に、「凧がいちばん高く上がるのは風に向かっているときである」と、逆風の時こそ凧はいちばん高く上がる、風に流されているとき、順風の時ではない、というのがございます。これからは、辺野古問題にまつわる厳しい試練が予想されますが、今度こそ名護市民、県民の思いを実現するため、力を合わせて頑張っていかなければならないと決意を新たにしているところでございます。

職員の皆さん。今年の仕事始めにも元日の初日の出の話をいたしましたけれども、あのまん丸く、真っ赤に燃えた太陽の輝きは、まさしく名護市の未来を暗示しているかのようでございました。足元を耕せば宝がいくらでも、ざくざくと発掘されます。五感を研ぎ澄ませ、アンテナを高く掲げ、常に市民目線で、ポジティブに、アクティブに、自らも納得できる仕事を、市民と協働で築き上げてまいりましょう。

子育てをするなら名護市で、六次産業化が進み、若者の活気とアクティブなシニア世代が輝くまち、そして、豊かな老後は名護市で、などなど、二一世紀のライフステージがここ名護市でアレンジされ、あるいは脚色される、そういうまちづくりが私の夢でございます。

少し長くなりましたけれども、改めて申し上げます。すべては子どもたちの未来のために、すべては未来の名護市のために、皆さんの力を貸してください。そして、四年間また一緒にがんばりましょう。本日はたくさんの皆さんにお集まりいただき、二期目のスタートを激励してくださることに対して、これからの四年間に対する決意と合わせて心より感謝を申し上げたい。本日はほんとうにありがとうございます。

## 「辺野古・大浦湾と世界自然遺産」で環境省交渉

２０１４年３月７日記

2月27〜28日、数年ぶりで東京へ行った。ヘリ基地反対協議会の一員として環境省交渉を行うためである。

環境省は昨年12月、奄美・琉球諸島の世界自然遺産登録に向けて、奄美大島、徳之島、沖縄島北部（国頭・東・大宜味の3村）、西表島の4島を選定し、暫定リストに掲載した。しかしそこには、沖縄県の「自然環境保全指針」で「最も厳正に保全すべきランクⅠ」とされている辺野古・大浦湾海域は入っておらず、選定された北部3村も陸域のみで海域は入っていない。琉球諸島のような島嶼生態系にとっては山・川・海のつながりこそが大切であり、その全体を保全することが必要だと思われるのに、あえて外したのは政治的意図があるのではないかと疑わざるを得ない。

そもそも、防衛省による不法・不当な環境アセスの結果、辺野古・大浦湾が埋め立てられようとしていることを環境省はどう認識しているのか、日本の天然記念物であり絶滅が危惧されるジュゴンの生息地である海域をどう保全しようとしているのかについても問い質したいと、ヘリ基地反対協では、石原伸晃環境大臣宛てに「世界自然遺産暫定リストの選定と辺野古・大浦湾の米軍基地建設計画についてて」と題する文書を提出し、辺野古新基地建設計画に対する環境保全の視点からの見解、ジュゴンやアオサンゴの保護・保全対策、埋め立て土砂の搬入に伴うアルゼンチンアリなどの外来種対策、辺野古・大浦湾が暫定リストに入らなかった理由などを問うことになった。

在京の「フォーラム平和・人権・環境」と沖縄米軍基地問題議員懇談会が27日の交渉（衆議院第二議員会館にて）をセットして下さり、沖縄から、反対協共同代表の安次富浩さん、幹事の具志堅徹さん（名護市議）、東恩納琢磨さん（同）、私、沖縄・生物多様性市民ネットワークの吉川秀樹さん、東京から日本自然保護協会の安部真理子さんが交渉の席に着いた。また、沖縄選出の赤嶺政賢・照屋寛徳・玉城デニーの3衆議院議員や議員懇談会所属の近藤昭一議員、辻元清美議員らも参加して下さった。

ちょうどタイミングよく（?）というか、交渉当日の『沖縄タイムス』紙に、石原環境大臣が「（辺野古・

大浦湾には）守るべきものはない」と述べたことが一面で大きく報道されていた。前日26日の衆議院予算委員会で、世界自然遺産の登録に辺野古・大浦湾を追加する可能性について質問した玉城デニー議員への答弁だ。こんな認識しか持たない人が環境大臣なのかとあきれてしまう。これは交渉でも問題にしなければと、私たちは新聞を携えて交渉に臨んだ。

環境省側の出席者は、亀澤玲治・自然環境計画課長及び関根達郎・外来生物対策室長。私たちの質問に対する回答は、「環境省としては制度上、防衛省のアセスに関与できない。防衛省が十分な環境保全対策を取るべき」「暫定リストは、大陸とくっついたり離れたりを繰り返す中で種の分化や進化が進んできたというのが評価基準となり、陸域の生態系が評価されて選ばれた。北部３村も今後さらに範囲が絞られる」などだった。

その後のやり取りの中で私たちは、沖縄の自然や辺野古・大浦湾の価値、ジュゴンの保護・保全対策についての見解、島嶼生態系の認識などを問うたが、環境省側からは、貴重であり守るべきという認識は示されたものの、外来種対策も含め十分な答えは得られず、「環境省だけではできない」という消極的な姿勢に終始した。辺野古・大浦湾については「日米の（基地建設）計画があるので保護区にはならない」、ジュゴンについても「世界全体の分布の中の北限ということは評価の対象にならない」とのこと。

玉城議員は「石原大臣は環境大臣の資質がない」と断言し、私たちは「環境省は防衛省に遠慮せず主体性を持ってほしい」「ジュゴンをトキの二の舞にしないでほしい」と要請した。大浦湾の生物多様性や素晴らしさを知らないらしい石原大臣に、市民団体が作成した大浦湾のパンフレットを渡してくれるよう託し、「私たちも応援するので環境省には頑張ってほしい」と激励、今後の意見交換をお願いして約一時間の交渉を終えた。

## 「オール沖縄」再構築へ

２０１４年３月16日記

民意を蹴散らして辺野古埋め立てを強行しようとしている安倍政権は、地元紙報道（2月26日）によると、住民の反対行動を想定し、防衛省・警察庁・海上保安庁が一体となって刑事特別法の適用へ向けた調整を行っているという（これを助長しているのが、今や県民の「敵」となってしまった島尻安伊子参議院議員だ。彼女は「（稲嶺市長の）移設反対は混乱が続くだけだ」と批判、政府に対して「違法な妨害活動阻止」のために「刑特法の適用」を示唆し、県民をあきれさせた）。

国家権力の横暴をこれ以上許さないために、名護市では2月25日、弁護士一〇人と学者らで構成する「辺野古埋め立てに係る名護市長懇話会」が発足した。市長権限を行使して埋め立てを止めるために法律面から支えるという。

また全県レベルでは、普天間基地の閉鎖・撤去、県内移設断念、オスプレイの配備撤回などを求め、県内四一全市町村長・議会議長、県議らが署名した昨年1月の「建白書」の理念に立ち戻り、「オール沖縄」の再構築をめざそうと、「『建白書』の実現を求め、沖縄の未来と誇りを守り抜く協議会」（仮称）

の結成準備会が3月2日に開かれるなど、新たな機運が高まっている。準備会には発起人就任予定の各界（政党、労働団体、経済団体、研究者など）約五〇人が参加したと報道された。11月の知事選との関係について参加者は否定しているというが、県民の多くは、「オール沖縄」で支持できる候補者を待ち望んでいる。

仲井眞知事に埋め立て承認撤回と辞任を求めて県庁包囲
(2014年2月14日、県議会2月定例会開会日)

名護市議会3月定例議会の一般質問で、仲村善幸議員（与党）に「協議会への参加の意向」について問われた稲嶺市長は、「2010年＝前回の名護市長選挙の結果が沖縄の流れを変え、『オール沖縄』へとつながった。これは保守・革新ではない生活の問題だ。今回の市長選挙は再度のターニングポイントであり、可能な範囲で積極的に関わっていきたい」と答えた（3月13日）。

辺野古新基地建設を強行するための入札公告が始まったことは前述したが、1月21日以降1月末までに公告された一〇件の事業のうち3月5～6日に開札された四件中二件が「応札者がなく入札不成立」となった（3月13日『沖縄タイムス』）という（残りの六件は3月24～25日開札予定）。

入札不成立となったのは「シュワブ地質調査その1　測量調査及び土質調査」（陸上のボーリング調査か？）と「シュワブ既設建物解体工事監理業務」。なぜ応札業者がなかったのかは不明だが、反対や阻止行動でスムーズに作業が進まず、社会的指弾も受けることが必至の仕事を好んでやりたい業者は、少なくとも県内にはあまりないだろう。いずれ再入札が行われるのだろうが、これで少しでも作業が先送りされるのは歓迎だ。こんな仕事やってられるかと、業者がこぞってボイコットしてくれれば嬉しいのだが。

## 教科書問題で竹富町を恫喝

基地建設強行に加え、地方自治を踏みにじる安倍政権による沖縄への恫喝がまたしても襲い掛かった。文部科学省は3月14日、八重山・竹富町教育委員会の教科書使用に対し、地方自治法に基づく「是正要求」を行った。国が市町村に対して直接是正要求するのは初めてという。八重山採択地区協議会が不当な手法で選定した育鵬社版の中学・公民教科書は「沖縄の米軍基地に関する記述がない」などという理由で東京書籍版を選んだ竹富町に対する「報復」とも言える。

採択地区内の「一本化に違反」しているのは育鵬社版を使用している石垣市と与那国町も同様なのに、竹富町だけを「違法」として「是正要求」するのは、国の意向に従わない者への明らかなイジメだ。教科書は生徒には無償で配布されており、現場にはこれまで何の混乱も起こっていない。来年度の教科書もすでに準備されており、混乱を引き起こそうとしているのは国のほうだ。

安倍政権は宮古・八重山へ自衛隊を配備し、沖縄全体を再び「本土防衛」のための「軍事要塞化」

しようとしているように思われてならない。八重山への教科書攻撃もその一環だろう。それと果敢にたたかっている竹富町を孤立させず、これも「オール沖縄」で押し返していきたいと思う。

## 埋め立て承認取り消し訴訟始まる

２０１４年４月17日記

辺野古新基地建設強行を目論む安倍政権は、仲井眞弘多知事の在任期間中（今年12月初めまで）にできる限りの作業をやってしまおうと焦っている。

沖縄防衛局は４月11日、埋め立て工事に向けた辺野古漁港使用など六項目を名護市に申請したが、事前調整もなく、金曜日の午後５時直前、担当課でない部署に置いて帰る、という（彼らがこれまで何度も繰り返してきた姑息な）やり方に、稲嶺進市長は「ルールも礼儀も感じられない」と強く批判。市は週明けの15日、書類に不備や疑問があるとして再提出と説明を求めることを決めた。

怒りの冷めやらない16日、辺野古埋め立て承認取り消し訴訟の第一回公判が那覇地裁で行われた。この訴訟は、仲井眞知事の埋め立て承認の方向が明白になった昨年末から準備が行われ、名護市長選挙期間中の今年１月15日、辺野古周辺住民や漁民をはじめとする原告一九四人（県知事の行政行為に対する「取り消し訴訟」であるため、原告は県内在住者に限った）で提訴したもの。この時期の提訴には、稲嶺市長再選に向け大きなうねりを作り出そうという狙いもあった。

１月19日の稲嶺市長再選のあと、五〇〇人近い原告への申し出が相次ぎ、第二次提訴を含め原告は総勢六七五人となった。訴訟は、辺野古アセス評価書に対する県知事意見書（2012年3月27日）で「（防衛局が示した環境保全措置では）生活環境及び自然環境の保全を図ることは不可能」と断言していること、沖縄県環境生活部が、生活環境及び自然環境の保全について「懸念が払拭できない」という意見書を提出している（2013年11月30日）ことなどを理由に、承認の取り消しと承認の効力の一時執行停止を求めている。これに対し被告の沖縄県は、埋め立て承認は「公有水面埋立法の基準に適合」しているとして、訴えの「却下」を要求している。

午後1時半からの公判に先立ち那覇地裁前広場で事前集会が行われ、詰めかけた大勢の原告や支援者を前に、四四人の弁護団を代表して池宮城紀夫《いけみやぎとしお》団長は「裁判と現場のたたかいをつないで勝利しよう」と呼びかけた。

公判で意見陳述した原告団長の安次富浩さん（ヘリ基地反対協議会共同代表／辺野古テント村責任者）は、「祖先から受け継いだ、ジュゴンやウミガメの棲む美ら海を人殺しの海に変えてはならない。県民の意思を無視した知事の公約破棄に満腔の怒りを覚える。仲井眞知事は、沖縄差別に無自覚な安倍政権と一緒になってウチナーンチュとしての誇りを捨てた。知事は、普天間基地の五年以内の運用停止を約束させたと言うが、米軍は、代替施設の完成までは普天間基地を使用すると明言しており、実効性は限りなく乏しい。名護市長意見を無視し、名護市民に危険を甘受しろと言うのか？」と訴えた。

また、辺野古近隣でエコツアー業を営む坂井満《みちる》さんは「自然は平和があってこそ守られる。大浦湾ほど生物多様性が残されている場所は県内にはない。何万年もかけて培われてきた自然を壊してはならない。基地ができれば仕事も平穏な生活も失われる。名護市長選の意味を裁判官は認識してほしい」

と陳述した。

原告弁護団は「辺野古・大浦湾地域は外洋的環境から内湾的環境まで、きわめてまれな特徴を持ち、一時間の調査で三六種類もの新種が見つかるほど豊かで、ジュゴンの重要な餌場でもある。環境保全はもちろん、適正な土地利用、緊急性、公共の福祉など、どれをとっても埋め立て承認は公有水面埋立法に違反しており、そもそも埋め立ての必要性がない。日本の面積の0・6％の沖縄に在日米軍基地の74％が集中していること自体が不当であり、代替施設を造らなければ普天間基地を返さないというのがおかしい。基地建設による損害は取り返しがつかず、それを止めるのは今しかない。損害を避けるための緊急性がある」と主張した。

被告席の県側に国の代理人が混じり、「国の決めたことに対し県は何もできない」「辺野古移設は普天間の危険性除去のための唯一の方法」など、県が国の主張を代弁していることに怒りと抗議の声が渦巻いた。原告側弁護士は「県が国と全く同じ主張をしているのはおかしい。県民を守るという県の立場から主張してほしい」と県側に厳しく要求した。

## 座り込み一〇周年、新たな出発

２０１４年4月20日記

4月19日土曜日、米軍キャンプ・シュワブに隣接する辺野古の浜と海は、四五〇人を超える人々で賑わった。２００４年から始まった新基地建設を止めるための辺野古テント座り込みが一〇周年を迎えたのを期して、海上パレードと集会が行われたのだ。

主催したのは、辺野古テント村を運営する名護・ヘリ基地反対協議会。共催が、基地の県内移設に反対する県民会議。開会は午前10時だったが、那覇の仲間たちは早朝からバスをチャーターして九時過ぎにはもう着いていた。海上に出る人々は一足先に乗船し、浜の前で待機することになっていたからだ。

私は、浜における集会の担当で、集会前半の「出発式」の司会も務めた。出発式では、沖縄のしきたりにのっとって海の神さまに、この海の平和と安全を祈る「ウガン（御願）」を行ったのだが、私が準備したウガン道具やお供え物に不足があり、ウガンを取り仕切る辺野古のおばぁたちに叱られながらの冷や汗ものだった。

それでもなんとか無事にウガンを終え、海上パレードに参加する船六隻、カヌー一五艇（うち二艇はSUP＝スタンド・アップ・パドル）の代表に挨拶してもらった後、みんなの拍手で浜からカヌーを送り出した。早くも夏を思わせる陽射しに辺野古の海はキラキラと輝いている。船もカヌーも気持ちよさそうだ。波打ち際で波と戯れる子どもたちの歓声も聞こえる。

「ボーリング調査阻止・座り込み10周年」辺野古浜集会（2014年4月19日）

座り込みを始めた当初、これが一〇年も続くなんて、誰が想像できただろう。そして今、この穏やかな美ら海がいつまでもこのままであってほしいという私たちの願いとは裏腹に、安倍政権は牙をむいてこの海に、私たちに襲い掛かろうとしている。集まった人々はみな、平穏そのものの海を楽しみながらも、やがて来るであろう嵐を予感しているように思えた。

第二部の集会では、まず、まよなかしんやさん・KEN子さんの歌、高江の子どもたちのフラが場を盛り上げてくれた。県民会議の構成団体である政党や労働団体、市民団体、県議会・県民ネット、辺野古埋め立て承認取り消し訴訟弁護団、若者や子育て世代で作るNEW WAVE TO HOPEからの連帯挨拶を受けた後、海上パレードから帰ってきた人々も含めてアピール文を採択した。真っ青な空に向かって、たくさんの「がんばろう!」のこぶしが挙がる。挨拶の中で何度も繰り返されたように、今日が新たなたたかいの出発だと、みんなで決意を新たにした集会だった。

以下は、当日のアピール文である。

辺野古の浜からカヌーを送り出す（同）

アピール文

本日、私たちは、ボーリング調査阻止・座り込み一〇周年を迎えました。辺野古をはじめとする地域住民が基地反対に立ち上がり、行動を開始した時から数えると一七年、「新基地ＮＯ」の市民意思を示した名護市民投票からも一六年を超えます。

一〇年前の今日、夜もまだ明けない暗闇の中、新基地建設に向けたボーリング調査を強行するためにやってきた作業車や作業員を、泊まり込んでいた多くの住民・市民・県民の抗議によって追い返したことを昨日のことのように思い出します。その日から始まった海岸での座り込み、カヌーや小船、ボーリングやぐらの上で、夏の焼けつく暑さにも、冬の身を切るような寒風にも、作業員の暴力にも耐えた一年に及ぶ過酷な海上阻止行動によって私たちはリーフ上埋め立て案を廃案に追い込みました。それは地域住民・名護市民だけでなく県内外、さらに世界にまで広がった支援と共感の輪による勝利だったと思います。

にもかかわらず、何が何でも辺野古新基地建設を強行しようとする日米両政府は、新たにＶ字形沿岸案を当時の名護市長と県知事に受け入れさせ、海上自衛隊まで投入して違法不当な環境アセス調査や手続きを推し進めてきました。これに対し名護市民は、２０１０年の市長選挙で「海にも陸にも新たな基地は造らせない」公約を貫く稲嶺進市政を誕生させ、オール沖縄の「県内移設反対」の流れを作り出しました。県民世論に押されて、条件付き賛成だった仲井眞弘多知事も「県外移設」の姿勢に転換しましたが、しかし、沖縄差別に満ち満ちた安倍自民党政権の恫喝やカネの力に屈し、民意を踏みにじって昨年末、辺野古埋め立てを承認してしまいました。

私たちは今、一〇年前に勝るとも劣らない、否、いっそう厳しい局面を迎えています。今年1月の名護市長選挙で私たちは稲嶺市長を大差で再選させ、民意をさらに明確に示しましたが、安倍政権はそれを嘲笑うかのように、市長選のわずか二日後に埋め立て手続きを開始し、刑特法や特措法、警察や海上保安庁などあらゆる権力を総動員して市民・県民の抵抗を弾圧する姿勢を見せています。

しかしながら私たちは、この一〇年間、否、一七年間、日米両政府のどんな圧力・攻撃にも屈せず、子や孫たちの未来のために基地反対の意思を貫いてきました。目の前に広がるこの美ら海に一本の杭も立てさせていないことは私たちの大きな誇りであり、連帯の証でもあります。そして私たちは今、ゆるぎない信念を持って市民の「安全・安心」を守る市長を持ち、多くの国際的著名人・有識者たちの熱い支持を得て、これまで以上に強い基盤を作りつつあります。

仲井眞知事に埋め立て承認撤回を求め、日米両政府に辺野古新基地建設断念、普天間基地の閉鎖・撤去を強く求めるとともに、ジュゴンの棲む生物多様性豊かなこの海を、「平和の海」として子々孫々に継いで行くことを、ここに改めて宣言します。

２０１４年4月19日

「ボーリング調査阻止・座り込み10周年」辺野古浜集会参加者一同

## 稲嶺進市長の二度目の訪米と市民の行動

２０１４年５月22日記

５月15日、稲嶺進名護市長は、訪米行動のために沖縄を旅立った。名護市民だけでなく沖縄県民の思いを直接、米国政府・市民に伝えに行く稲嶺市長を激励しようと、多くの県民が那覇空港ロビーに集まり、熱い声援で送り出した。

名護市が出したプレスリリースによると、市長の公務として実施するこの行動の目的は、「米国の政府・連邦議会関係者及び米国社会に対し、地元の声である『新基地反対』を訴えるとともに、この問題の正しい理解を促すこと」となっており、ニューヨーク（15～18日）、ワシントンＤＣ（18～22日）を訪問し、上院・下院の連邦議会議員や政府担当者との面談、ブルッキングス研究所でのラウンドテーブル（非公開）、米議会連邦調査局（ＣＲＳ）でのグループ面談、シンクタンクでの講演、市民向けの集会、地元メディアの取材などが日程に組まれている。最終日の22日にはワシントンで記者会見を行う予定だ。

この訪米行動は、名護市が団体会員登録しているシンクタンク「新外交イニシアティブ（ＮＤ）」が企画・実施を担当し、辺野古新基地建設に反対する「海外識者・文化人沖縄声明」の米国内賛同者たちが協力している。沖縄はもちろん日本のメディアも同行し、また、在米・在カナダを含め多くの人たちが自主的に、現地での行動の様子をインターネットなどで直接伝えてくれるので、リアルタイムで、居ながらにして知ることができるのがうれしい。

稲嶺市長は、米国の軍事植民地とされ、日本復帰後も国内植民地状況にある沖縄の戦後史、基地被害や人権侵害の実態、基地予定海域の自然環境の豊かさ・貴重さなどを米国政府や市民に訴えるが、沖縄の自然環境や辺野古周辺海域を生息地の中心とするジュゴンの保全に係る市民運動の立場から市長を補佐しようと、18日、沖縄・生物多様性市民ネットワークの吉川秀樹さん（名護市民）と、名護市議会議員でもあるジュゴン保護基金の東恩納琢磨さんが米国へ出発した。主な目的は、米国政府の独立機関である米国海洋哺乳類委員会（ＭＭＣ）への訪問・要請と、米国サンフランシスコ連邦地裁で係争中の「ジュゴン訴訟」を原告としてともに担っている米国の環境ＮＧＯと稲嶺市長との橋渡しをすることだ。

２００８年1月に出た「ジュゴン訴訟」の判決（原告勝訴。基地がもたらすジュゴンへの影響を回避また緩和するよう考慮することを米国防総省に命じた）を受けて、ＭＭＣは２００９年12月に開催された年次総会に、訴訟の原告である東恩納さん、米国ＮＧＯのメンバー、吉川さんを招き、ジュゴン訴訟と沖縄の状況について聴取した。その際、吉川さんらは、ジュゴンへの影響について国防総省が日本政府の環境アセスをどのように使用するのかも含め、ＭＭＣが検証するよう要請したという。そしてＭＭＣは、２００９年の連邦議会への年次報告書で、ジュゴンへの影響の分析を検証しコメントすると明記した。

原告勝訴の判決を出した連邦地裁はその後、基地建設計画の実効性が不透明であるとして訴訟を一時停止していた（米国の裁判は一回の判決で終了しない）が、昨年末に仲井眞沖縄県知事が埋め立てを承認し、着工に向けた手続きが進められているので、国防総省は近々、ジュゴンへの影響の分析を示すことが予想されるという。そういう中での今回の訪問は、「ＭＭＣの検証とコメント」を改めて要請するのが目的であり、市長訪米との相乗効果も期待している。

二人の出発を前に、ジュゴンからのうれしい「お土産」のプレゼントがあった。私たち「北限のジュゴン調査チーム・ザン」のメンバーが16日に行った辺野古海域におけるジュゴンの食み跡調査で、埋め立て予定地のど真ん中に、ごく新しい、くっきりした食み跡を一〇本以上、確認したのだ。埋め立て予定海域の藻場をジュゴンは利用していない（従って、埋め立てのジュゴンへの影響はない）という沖縄防衛局の環境アセスのでたらめさを白日の下に示す食み跡の写真を携えて、二人は旅立った。その写真は18日の地元二紙にも掲載され、反響を呼んだ。私のところにも「やっぱりジュゴンは神さまだね。いざという時に必ず出てきてくれるね」という喜びと感謝の声が届いた。

20日のＭＭＣ訪問には稲嶺市長も同行できたようで、地元紙でも報道された。市長は、基地建設がジュゴンの生息環境を脅かすと訴え、国防総省のジュゴンへの影響分析が出るまで作業を進めないよう勧告することを要望した。吉川さんや東恩納さんも防衛局のアセスの不充分さを指摘、より精密な評価を国防総省に求めるよう提言し、ＭＭＣ側は積極的な姿勢を見せたという。

また、沖縄意見広告運動（山内徳信・武建一代表世話人）は、市長訪米に合わせて19～21日の『ワシントン・ポスト』電子版に、「ジュゴンと辺野古の海を守ろう」「沖縄に正義をもたらそう」など、辺野古基地建設反対を訴えるバナー広告を掲載した。

19日に市長と面談した米国務省のピーター・ヘムシュ日本部副部長が「米国政府と日本政府の間で長い時間をかけてたどり着いた現行計画」を進める考えを示したように、市長は、二年前の訪米と比べ、知事の埋め立て承認後の厳しさをひしひしと感じているようだ。それでも彼は毅然として、承認後も県民の反対の意思は変わっていない（世論調査でも74％が反対）こと、二度にわたる自身の市長当選の意味を伝え、「基地建設が円滑に進むとは思わない」と強調した（5月21日付『琉球新報』）。

政府関係者の厳しい反応は想定内のことであり、基地反対に理解を示す人々も含めて、知事承認後の沖縄の実情を伝えた意味は大きい。今回の訪米で、前回はできなかった市民社会に直接訴えられたことも大きな成果だと言える。

［追記］

6月4日、名護市主催の稲嶺市長訪米報告会が開催された。会場の名護市民会館大ホールは一千人近い市民・県民で埋められ、稲嶺市長及び、同行した玉城デニー衆議院議員の報告に熱心に耳を傾けた。

玉城議員が「アメリカは冷たかった」と言ったように、米国政府関係者や議員の中では、昨年末の仲井眞知事による埋め立て承認で「この問題はもう終わった」と考えている人が多かったという。それでも「沖縄の歴史から話すと理解を示してもらえた」と市長は語った。米国市民や学生との直接交流、米議会に対し公聴会の開催や、予算審議に地元の意見を入れてほしい等の要請を行ったことは、大きな成果と言える。

市長が「那覇空港での県民の温かい送迎も含め、名護市は、沖縄は、孤立していないことを実感した訪米行動だった」と締めくくると、大きな拍手が湧き起った。報告会の最後に、彼は「ぜひ市民・県民に訴えたいことがある」と手を挙げ、「9月の市議選で与党議員を維持すること、11月の県知事選に勝利すること」を強く訴えた。

## 辺野古アセスやり直し訴訟控訴審、不当判決

２０１４年５月28日記

５月27日、辺野古アセスやり直し訴訟の控訴審判決が福岡高裁那覇支部（今泉秀和裁判長）で言い渡された。判決は、「環境影響評価法などは住民に意見陳述の権利を与えていない」とする昨年２月の一審判決を支持し、控訴を棄却した。住民側が主張したアセスの違法性については判断しなかった。

この間の安倍政権の、沖縄県民に人権などないかのような強硬姿勢や、もはや三権分立など雲のかなた、国家権力の擁護者と化した司法の現状から、ほとんど期待はしていなかったとはいえ、わずか30秒の判決言い渡しに傍聴席は唖然。不当判決に怒りの声が渦巻いた。稲嶺進名護市長もこの門前払い判決に憤り、「裁判所が問題の中身を審議しなければ、どこにどう訴えればいいのか」と批判した。

原告と弁護団は、最高裁に上告する予定だ。上級審に行けば行くほど国家権力の意図がより強くなることはわかっているが、この不当判決を受け入れるわけにいかないという意思表示をする必要があるからだ。

［追記］

高江のスラップ訴訟（ヘリパッド建設に反対する住民を沖縄防衛局が通行妨害で訴えた訴訟）で最高裁第二小法廷（鬼丸かおる裁判長）は、６月13日付で住民の上告を棄却する判決を下し、住民側の敗訴が確定した。住民側と弁護団はこの不当判決に抗議声明を発表し、地元紙は、国の「恫喝」を司法が追認したもの

だと強く批判した。辺野古着工前の棄却に、運動や表現の萎縮を懸念する声もあるが、高江でも辺野古でも住民は、「反対運動はこれまで通りやっていく」と淡々と語っている。

## 立ち入り禁止水域の拡大を許さない！

２０１４年６月10日記

辺野古・大浦湾の海では、防衛局が７月にも開始を予定している海底ボーリング調査を前に、埋め立て予定海域に調査船が多数出たり（防衛局はアセスの事後調査だと言っているが、ボーリングの事前調査の可能性もある）、海上保安庁がゴムボートによる訓練を行うなど緊張が高まっている。

北限のジュゴン調査チーム・ザンが５～６月に行った調査では、海保のゴムボートが出入りする埋め立て予定海域内にジュゴンの食み跡が多数確認された。チーム・ザンの鈴木雅子さんによると、この餌場を利用しているのは、沖縄防衛局によるアセス調査で確認されている親子のジュゴンのうちの若いジュゴンである可能性が高く、次世代のジュゴンを育てる餌場としてきわめて需要だという。それを破壊する行為に対し「ジュゴンの餌場を守れ」の声が大きくなっている。

そんな中で６月10日、名護・ヘリ基地反対協議会は、政府が住民・市民の海上での抗議行動を排除するために立ち入り禁止水域を大幅に拡大しようとしていることに対し、辺野古テント村において次のような抗議声明を発表した。

辺野古新基地ボーリング調査に向けた制限水域拡大に抗議する声明

名護市民・沖縄県民の民意を蹴散らして何がなんでも辺野古新基地建設を強行しようとする安倍政権は、報道によれば、7月上旬にも基地建設工事に向けた海底ボーリング調査を開始する予定であり、住民・市民の抗議活動の排除を目的として漁業制限区域（立ち入り制限区域）をこれまでの「沿岸から五〇メートル」から「同二〇〇〇メートル」と大幅に拡大することを目論んでいる。そして、住民らがその区域に入った場合には刑事特別法に違反する「海上犯罪」として積極的に取り締まるよう、海上保安庁に指示したことも明らかになった。

これは、国家権力による恣意的な海上での基地拡大・強化であると同時に、一〇年前（2004〜5年）の海底ボーリング調査が、地元住民・市民をはじめとする抗議行動によって一ヵ所も行えず、中止に追い込まれたことの再現を恐れた事前弾圧であり、断じて認められない。

さらに政府は、ボーリング調査区域にブイを設置し、基地建設に反対する住民らが船などでブイを越えた場合、その時点で刑事特別法を適用して拘束や逮捕ができるようにするという。ブイ設置やキャンプ・シュワブ内にある海保施設の機能強化・人員増加等の経費などに充てるため2014年度予算の予備費から最大五〇〇億円を拠出する方針も固めている。

これら一連の動きは、この間の二回にわたる名護市長選挙で示された名護市民の民意、昨年一月の安倍首相あて「建白書」や各種世論調査で示されている沖縄県民の民意を、国家権力と金力で叩き潰そうとする許しがたい暴挙であり、沖縄差別そのものである。このようなことがまかり通るなら、もはや日本は民主主義国家とは言えない。

一〇年前、ボーリング調査を強行しようと辺野古海域に派遣されたスパッド台船を固定するための足が海底のサンゴを破壊し、大問題になったことを、私たちははっきりと記憶している。辺野古・大浦湾海域は沖縄でも数少ない、健全なサンゴ・サンゴ礁の残る貴重な海域であり、政府・環境省も保全すべき重要沿岸域に指定している。健全な自然環境を次世代に残すべき義務を持つ国が、自らそれを破壊する行為は言語道断である。

また、同海域に広がる海草藻場は、絶滅に瀕した日本のジュゴンのきわめて重要な餌場となっている。政府・防衛省が行った環境アセスメントでは、ジュゴンは同海域の藻場を利用しておらず、基地建設の影響は少ないと評価されたが、先月から今月にかけて地元NGOや日本自然保護協会などが行った複数回の調査で、埋め立て予定海域＝ボーリング調査予定海域のど真ん中にジュゴンの食み跡が多数確認され、ジュゴンが日常的にこの藻場を利用していることがわかった。

この事実は、防衛省が行った環境アセスのでたらめさを白日の下にさらすと同時に、この海域におけるブイ設置やボーリング調査、そして言うまでもなく埋め立てが、国の天然記念物であるジュゴンの餌場を奪い、生態をかく乱し、絶滅に向かわせるものであることを示している。

私たちは、安倍政権による名護・沖縄に対する畳み掛けるような暴力に、満腔の怒りを持って抗議するとともに、このような理不尽な攻撃を決して許さず、日米両政府がこの愚かな基地建設計画を一日も早く断念するよう強く求めるものである。

名護・ヘリ基地反対協議会

## 二見以北十区の基地反対署名を沖縄県と防衛局に届ける

2014年6月27日記

6月27日、「辺野古・大浦湾に新基地つくらせない二見以北住民の会（松田藤子会長。以下、「住民の会」）」は、二見以北十区全住民（赤ちゃんからお年寄りまで、約一五〇〇人）中、小学生以上の住民九八一人分の「基地建設反対、知事の埋め立て承認撤回」を求める署名（沖縄県知事および沖縄防衛局長宛て）を提出した。

わが二見以北地域は、もし辺野古新基地が建設されたら最大の被害を受ける当事者であるにもかかわらず、人口の少ない過疎地であるためか、基地建設の「地元」は「辺野古」だけであるかのように報道され、いくら声を上げても無視され続けてきた。

昨年末の仲井眞知事の埋め立て承認を「錦の御旗」に、名護市民・沖縄県民の民意もすべて足蹴にして政府が基地建設に向けた手続きを強行し、いよいよ7月から海底ボーリング調査を開始しようとしているこの時期、なんとしても「地元中の地元」である二見以北住民の反対の声・意思を改めて政府・防衛局や県にしっかり示す必要があると、私たちはこの4月末に「住民の会」を立ち上げ、会合を重ねながら各区での署名活動を進めてきた。

「住民の会」の母体は、1月の名護市長選挙の時の稲嶺ススム後援会二見以北支部だ。市長選勝利の後、市長の出身地住民である私たちには、送り出しただけでなく支えていく義務があると話し合われ、市長を支える会として続けていくことになったが、これまでまだ行動は起こしていなかった。そんな経過から、「住民の会」の会長は後援会の支部長だった汀間区の松田藤子さんがやってくださることになった。元教師である藤子さんは、自然と平和と地域を愛する熱い想いを持った素敵な女性で、私が敬愛する地域の先輩だ。

署名活動の中で、一七年前に地域ぐるみで反対に立ちあがった住民の気持ちは変わっていないこと、商店を営んでいたり、さまざまな人間関係から署名はできないが「絶対反対だよ。頑張ってね」と言ってくれる人も多く、数に表れない住民の総意を確認できたことはうれしかった（もちろん弱さもあるけれど）。

署名提出の当日は、「住民の会」の共同代表（汀間区長・三原区長を含む）をはじめ二〇人の住民（その多くは女性たち）が、マイクロバスを借りて遠路、嘉手納の沖縄防衛局と那覇の沖縄県庁を訪ね、全住民の約三分の二に当たる署名と要請文、地元の生の声を届けた。

沖縄防衛局では、基地対策の担当者が「辺野古移設は普天間基地の危険性を除去する唯一の方策」という政府見解を繰り返し、沖縄県でも、対応した知事公室の親川達男・基地防災統括監が「知事は法令にのっとって埋め立て承認した」と説明するなど、地元の声や苦しみ、名護市長の反対意見など関係ないと言わんばかりの対応に、参加した住民から口々に怒りや叱責の声が発せられた（名護出身だという親川統括監の胸に、私たちの思いが少しは伝わったことを祈りたいのだが……）。

帰る道すがら、「署名を提出して終わりではない。地域の子や孫たちのために、今後もあきらめず行動を起こしていこう」とみんなで確認し合った。

## 辺野古テント村で海底ボーリング調査反対集会

２０１４年６月30日記

６月28日（土曜日）、午前中とはいえ梅雨明けの厳しい日差しが照りつける海沿いの辺野古テント村前で、ヘリ基地反対協議会主催による「海底ボーリング調査反対集会」が開催された。いよいよ７月からボーリング調査が強行されそうだとの情報に危機感を持った人々が地元内外から駆けつけ、テント村は約三〇〇人の人々であふれた。集会前、沖縄選出国会議員や県会議員らを乗せた船が基地建設現場（＝ボーリング調査の現場）を巡って見てもらい、また、色鮮やかな一群のカヌーがテント村前の真っ青な海でデモンストレーションを行った。

座り込みテントの前に広がる辺野古の美ら海は、太古の昔から無数の命をはぐくみ、地域住民が先祖代々、その恩恵を受け、感謝しつつ引き継いできた命の海だ。とりわけ、「鉄の暴風」と呼ばれた沖縄地上戦で陸地が焼け野原になったあと、シマンチュの命を救ってくれたのはこの海の豊かさであったことを、私たちは決して忘れない。その海が、陸域の米海兵隊キャンプ・シュワブの運用に伴う提供水域とされ、殺戮と破壊の訓練のために使われていることは、なんという理不尽であろうか。

そして今、この海は、名護市民・沖縄県民の圧倒的反対を足蹴にして新基地建設を強行しようとする日米両政府によって、さらなる理不尽な暴力で奪われようとしているのだ。６月20日の日米合同委員会は、基地建設に向けて、キャンプ・シュワブ沿岸提供水域の第１区域（常時立ち入り制限区域）を現行の「沿岸から50ｍ」から「同２０００ｍ」へと大幅拡大することを合意した。「工事完了の日まで」

の「臨時制限区域」だとしているが、その設定によって市民・県民の当然の権利である抗議行動を徹底排除しようというものである。

万人がその恵みを享受すべき「公有水面」が、米軍提供水域として漁業や立ち入りを制限されていることは極めて不当だが、それを置くとしても、第1水域は陸域の米軍施設の保安のために設けられているものであり、県民の正当な抗議行動を取り締まるために恣意的に拡大することは、日米地位協定の5・15メモにも反する基地の拡大であり、言語道断だ。稲嶺進名護市長はこれに強く反対しており、名護市議会も6月25日、制限区域拡大の日米合意に反対する決議を行った。閣議決定は、これら地元の意思を踏みにじる許しがたい暴挙である。

さらに安倍政権は、前述したように、県民の抗議行動を「海上犯罪」として日米安保条約第6条に基づく「刑事特別法」を適用して取り締まるよう海上保安庁に指示し、海保はすでにそのための訓練を辺野古海域で開始している。海保の増員、沖縄防衛局辺野古現地事務所の増員、名護漁協への法外な漁業補償も含め、あらゆる権力と金力を用いて名護市民・沖縄県民の民意を徹底的に潰そうとする国家権力の横暴を看過することは、独裁政治と沖縄戦再現への道を追認することであり、私たちは断じてこれを受け入れるわけにいかない。

この日の集会において、「『辺野古の海にも陸にも新たな基地は造らせない』と頑張っている稲嶺進名護市長や市民とともに、また、埋め立て予定海域内の海草藻場《うみくさ》を餌場として盛んに利用し、未来への命をつなごうとしているジュゴンをはじめすべての命とともに」、次のことが決議された。

1　不法・不当な制限区域拡大を許さない！
2　サンゴ礁生態系を破壊する海底ボーリング調査を阻止しよう！
3　仲井眞知事は辺野古埋め立て承認を撤回せよ！
4　安倍政権による暴力的な工事着工を許さない！
5　日米両政府は辺野古新基地建設を断念せよ！

第 5 章　マブイを落とした仲井眞知事　2013 年 12 月～2014 年 6 月

# 第6章 新たな島ぐるみ闘争へ

２０１４年７月〜２０１５年８月現在

## 辺野古・高江で同時に工事強行　翁長知事誕生

### 歴史に大きな汚点を残した２０１４年７月１日

２０１４年７月25日記

「７月１日は歴史に残る日になるだろう」と来沖中のオーストラリア国立大学名誉教授のガバン・マコーマックさんは語った。彼は日本近現代研究者で、長年、沖縄のたたかいを英語で世界に発信して下さっており、私の一〇数年来の友人でもある（私の文も数多く、彼の素晴らしい翻訳で世界の人々に読んでいただいている)。

彼の言う通り、安倍政権が集団的自衛権行使を容認する閣議決定を行い、同時に、辺野古基地建設に向けた六三七億円の支出、立ち入り禁止水域の拡大・工事のための日本側の共同使用を閣議決定したこの日は、日本が「戦争への道」へと大きく舵を切った「歴史に残る日」、歴史に黒々とした大きな汚点を記した日、と言えるだろう。

そしてこの日、沖縄防衛局が「辺野古工事に着手」と地元紙は大きく報道した。キャンプ・シュワブ内の滑走路予定地部分にある既存施設の解体作業の開始で、想定内のことではあったが、いよいよかと現場には緊張が走った。翌2日、辺野古テント村を運営する名護・ヘリ基地反対協議会(以下、反対協)は緊急アピールを発信し、辺野古現地への座り込みと、監視・抗議行動(キャンプ・シュワブゲート前及び海上)への参加を内外に広く呼びかけた。

東村高江のオスプレイパッド建設工事も同じく7月1日から再開された。高江と辺野古の同時着工は、基地建設に反対する市民・県民の力を分散させる狙いもあると思われ、相も変らぬ姑息なやり方に怒りは募るばかりだ。

ガバンさんが2日に辺野古を訪れ、船で埋め立て予定現場に行き、その場から英語圏に辺野古・大浦湾の豊かさ・美しさや基地建設の理不尽さを発信するのに同行してほしいと頼まれたので、一緒に、久しぶりの海に出た。この間、私は体調がイマイチだったので、陽射しも強くいささか不安ではあったが、海上に出るとすっかり元気になり、さすが海の力、自然の力だと感じ入った。防衛局に雇われた地元のウミンチュの船が一〇隻ほど出て、何やら作業をしている(ブイ設置前の測量か?)様子を見るのは悲しかったが……。

キャンプ・シュワブでは基地建設工事に向けて新しいゲートが完成した。反対協はゲート前での監視行動と、海上での船やカヌーによる監視行動を開始した。ブイ設置やボーリング調査のための資材搬入をチェックするためだ。反対協の呼びかけに応えて、沖縄平和市民連絡会、基地の県内移設に反対する県民会議などの市民団体や労働団体、また個人的な参加も含めて、炎天下をものともせず、連日、多くの人々が駆けつけてくださっている。

しかし、「闇討ち」「非常識」「恥知らず」を常とする防衛局は、台風襲来も相まって遅れがちな作業に業を煮やした安倍首相に「早くやれ！」と叱咤されたこともあり、20日未明、大型トラックでブイやフロートなど関連資材の搬入を強行。その後も深夜や、住民らの監視の隙を突いての搬入に、住民側は二四時間の監視体制を強いられている。

漁港施設は名護市長の使用許可が得られないため、キャンプ・シュワブ内から作業船を出すための浮桟橋の設置作業も着々と進んでいるようだ。ここには市民・住民の手は及ばない。また、ゲート前における警察権力、水域における海上保安庁の警備体制もどんどん強化されている。既にゲート前の強硬搬入時には警察による介入や、かなりのもみ合いが起こっており、今後、怪我人や逮捕者が出る可能性も高い。

## 二千人余の結集で島ぐるみ会議を結成

２０１４年７月28日記

7月27日（日）午後2時から宜野湾市民会館大ホールで、「沖縄『建白書』を実現し未来を拓く島ぐるみ会議」の結成大会が行われた。「辺野古強行を止めさせよう――沖縄の心をひとつに――」のサブタイトルを掲げるこの集会には、辺野古新基地建設に向けた海底ボーリング調査を強行しようとする政府・沖縄防衛局と、これを止めようとする住民・市民の攻防が緊迫の度を増している時期とあって、危機感を持った人たちが全県から結集（名護の私たちはバス二台＋個人で参加した）。一二〇〇人収容のホールに、午後2時半現在で二〇七五人の入場者を数え、通路はもちろんロビーにも入りきれず、会場外の炎天下に佇んだり、仕方なく帰った人も多かったという。

会場が熱気に包まれるなか、壇上には一一人の共同代表のうち一〇人（大城喜代子、大城紀夫、呉屋守将、平良朝敬、高里鈴代、友寄信助、仲里利信、宮城篤実、由井晶子、吉元政矩の各氏。宮里政玄氏は欠席）と、県議会各派および那覇市議会自民党新風会の代表五人がずらりと並び、それぞれの立場からの決意表明や訴えを行った。

県内で食品スーパーや建設業、リゾートホテル経営などを幅広く手掛ける「かねひでグループ」の呉屋《ごや》守将《もりまさ》氏は、「経済界に身を置く者だが、ウチナーンチュの尊厳と平和な暮らしを守るためにグループを挙げて取り組んでいく」と決意を述べ、ホテルチェーン「かりゆしグループ」の平良朝敬《ちょうけい》氏は、「観光は平和産業。これまでの沖縄の世代わりに沖縄の人の意見は反映されてこなかった。沖縄から日本を変えていこう」と呼びかけた。

基地・軍隊による女性への暴力、人権侵害に長年取り組んできた高里鈴代氏は、「この島ぐるみの集まりの中で、辺野古を本気で止めようという決意をみんなで確認しよう！」、かつて全軍労を立ち上げ、「首を切るなら基地を返せ」とたたかった経験を語った友寄《ともより》信助氏は、「新たな基地は絶対につくらせてはならない。建白書実現のために頑張ろう！」と訴えた。

五期二〇年間、基地の町・嘉手納町の町長を務めた宮城篤実《みやぎとくじつ》氏は、「この会場に来れなかった人をどう結集できるかが課題。建白書の趣旨をしっかり訴えれば、県民の心はかならず結集できる」、元副知事の吉元政矩《よしもとまさのり》氏は、「沖縄を差別する国から自立しよう！」と語った。

各政党や会派代表らも「沖縄の人権・自治、土地・海・空を取り戻そう！」「沖縄の民意を詰め込んだのが建白書。政府はオール沖縄をもっとも恐れている」『国のやり方は六〇年前の『銃剣とブルドーザー』と同じ。辺野古の即時中止を求めよう！」「11月の知事選に勝利し、東京だけでなくワシントンまで揺るがそう！」などと呼びかけた。全会一致で仲井眞知事の埋め立て承認に対する抗議意見書を採択した那覇市議の金城徹氏（自民党新風会）は、県外移設の公約を破った自民党県連が公約を守る新風会を除名処分した矛盾を指摘し、「除名の理由は、翁長雄志那覇市長に知事選出馬要請したことと、この島ぐるみ会議に参加したこと」と会場の笑いを誘い、「辺野古移設をみんなで止めよう！」と訴えた。

この日の参加者全員で採択された集会アピールの最後は、次のように結ばれている。「基地に支配され続ける沖縄の未来を、私たちは拒絶します。私たちには、子どもたちに希望のある沖縄の未来を引き継いでいく責務があり、沖縄らしい優しい社会を自らの手で自由につくっていく権利があります。

2013年沖縄『建白書』の実現を求め、辺野古強行を止めさせ、未来を私たちのものとするために、沖縄の心をひとつにし、島ぐるみの再結集を、全沖縄県民に呼びかけます」。

最後に、同会議事務局長の玉城義和県議（名護市区選出）が、「1995年の米海兵隊員による少女暴行事件から今日まで度重なる県民大会を行ってきたが、事態は一向に改善されず、まるで何事もなかったかのようにオスプレイが飛び回り、辺野古基地建設が進む中で、これまでのような実行委員会形式でなく恒常的な取り組み、個人参加の持続的な県民運動が必要だという共通認識に至った。『平成の沖縄一揆』とも言える建白書に示された沖縄の思いを改めて日本に届けたい」と経過を述べ、今後の行動として、「辺野古を止めさせるために全国の世論を喚起すること、マスコミやメディアなどへ沖縄の状況を正確に伝えること、国連人権委員会を含め国際社会に訴えること、そのためにそれぞれの委員会を立ち上げること、当面一万人の会員をめざすこと」などを提起した。

会場には稲嶺進名護市長も参加し、司会の紹介で万雷の拍手が送られた。11月の県知事選で仲井眞知事に対抗する候補者としてほぼ決定している翁長那覇市長は参加しなかった（この会議が選挙のためのものだと誤解されないようにという配慮だろう）が、開会前のビデオ上映の中で、オスプレイ配備反対の県民大会で発言している翁長氏の映像に参加者の大きな拍手が湧き起ったことは、期待の大きさを物語っている。

辺野古では週明けにも、ボーリング調査に向けて市民の抗議行動を排除するための海上ブイ設置が強行されようとしている、待ったなしの状況だ。

# 新基地建設阻止へ大きなうねり

２０１４年９月15日記

　８月14日早朝７時過ぎ、政府・沖縄防衛局は辺野古・大浦湾海域で、新基地建設着工に向けた立ち入り禁止海域を示すためのブイ設置（実際にはブイでなくフロート＝浮き具）を開始した。前夜から百人以上の作業員や五〇人以上の民間会社警備員をキャンプ・シュワブ基地内に待機させ、海上保安庁の巡視船十数隻や多数のゴムボートを全国から集中させるという物々しさ。急を聞いて駆け付けた市民・県民らが高波の中、カヌーによる抗議行動を展開した。

　キャンプ・シュワブゲート前では７月以降、旧盆の二日間だけを除いて連日二四時間体制で資材搬入阻止行動が続けられた。日を追うごとに一般県民の参加が増え、夏休み期間中は家族ぐるみの参加も多く、子どもたちが「夏休みの自由研究」に「辺野古の基地問題」を選び、座り込みを続ける年配者にインタビューしている微笑ましい光景も珍しくなかった。

　しかし一方で、市民の抗議や座り込みを排除するために、鋭い突起を溶接した鉄板（地元紙はこれを「殺人鉄板」と書いた）をゲート入口に設置したり、いちばん奥に防衛局職員、その前に警官隊、市民と接する最前線に民間警備員を配置する等の異状さはあきれるばかり。海上では７月29日以降、海上保安庁のゴムボート部隊が、カヌーや船で抗議する市民を拘束・拉致したり、頭を押さえて海に沈める、羽交い絞めにするなど、命にもかかわる暴行を繰り返し、怪我人が続出した。海上犯罪を取り締まるべき海保が自ら犯罪を犯しているとして市民側は告訴した。海保に頸椎捻挫《ねんざ》させられた若者が受診した名護市内の病院は、怪我の理由を知って診療費を請求しなかったという。

海上・陸上での市民的抵抗や度々の台風襲来（一〇年前のボーリング調査の年も台風が私たちに味方してくれた）による作業の遅れに焦る防衛局は8月18日、海底を掘削するボーリング調査を強行開始した。11月の県知事選に出馬表明したものの県民からの怨嗟の的になっている仲井眞知事の敗北を見越して、それまでには、新基地反対の知事が誕生しても「後戻りできない」状況を作っておきたいという腹積もりなのだろう。海上保安庁の大型巡視船やゴムボート、防衛局に雇われた多数の監視船が大浦湾を埋め尽くす悪夢のような光景を見た地域の沖縄戦体験者たちは「沖縄の海を米軍艦が埋め尽くしたあの時とそっくり……」と身震いした。

しかしながら、これに対抗する市民・県民の動きも、もう決して「後戻り」しない段階に入っている。8月23日、キャンプ・シュワブ第1ゲート前で行われた「止めよう新基地建設」県民大行動には目標（二千人）の二倍近い三六〇〇人が参加。国道両側の歩道ともゲート前を中心に南北に長い人波が続いた。実行委員会が準備したバスに乗りきれず那覇市や沖縄市に残された人々も含めると人数はさらに増える。

私は、5月末に発見された右腎臓ガンの摘出手術のため8月26日の入院直前で体調もよくなかったが、これだけにはどうしても参加したくて、居住区の三原の人たちと一緒に、道路が混まないうちにと、開会より一時間ほど早く現地に着いた。炎天下、「辺野古・大浦湾に新基地つくらせない二見以北住民の会」の横断幕を持って二時間半以上立っていたので、帰ってすぐ寝込んでしまうほど疲れたが、それでも行ってよかったと心底思った。新基地NO、自分たちの手で平和な未来を作っていこうという県民の大きな「うねり」のようなものを肌で感じることができたからだ。ヘリ基地反対協議会代表の安次富浩さんが集会挨拶の中で「(辺野古のたたかいは)絶対勝てる！　と確信した」と半ば「絶叫」していた気持ちはよくわかる。これまでの活動家や運動団体中心の運動を越えて、島全体を揺るがす大きな動きになりつつあるのだ。

現場を離れていてもそれを実感できるので、私は安心して入院できた。それでもやはり、現場に出られない分だけ余計にさまざまな思いが募るのは止められない。その思いが高じて、入院直前に書いたのが次の詩である。

大浦湾が泣いている

浦島悦子

大浦湾が泣いている
悠久の時に育まれた
数えきれない命を抱いて
大浦湾が涙を流している

大浦湾が泣いている
満月の夜に生まれた
サンゴの卵たちは
行きつく先を見つけられず
大浦湾は涙を流している

「海を守れ！」
抗議する人々の声を
掻き消す巨大なエンジン音
殺し屋たちの怒号が
波間を飛び交う

大浦湾が泣いている
海底に広がる山や谷を
優しい手で撫でながら
大浦湾が涙を流している

大浦湾が泣いている
この海に生きるジュゴンは
命を繋ぐ餌場を追い出され
大浦湾は涙を流している

大浦湾が泣いている
サンゴの森に穴を開け
群れ遊ぶ魚たちを押し潰す
重機の音に身震いしながら
大浦湾が涙を流している

殺し屋たちは海を囲い込み
抗議する人々を追い払い
土砂と殺意を
流し込もうとする

風よ　吹け
波よ　逆巻け

天地の神々の怒りと
島じゅうの人々の思いが
一つになって
邪悪なものを吹き飛ばし
洗い流せ

大浦湾の流した涙が
やがて　青く青く透き通り
華やぐ命たちの上に
慈雨となって注ぐように

## 名護市議選勝利と県民行動

2014年10月20日記

退院して二日後の9月7日は名護市議選（統一地方選）の投票日だった。

実はこれが私のいちばんの気がかりだった。四年前の前回、私は地域選出の東恩納琢磨さんの選挙事務所を預かり、再選を果たすことができたが、今回の名護市議選は11月の県知事選の前哨戦とも言われる正念場なのに、私の入院とかぶってしまったからだ。名護市議会の定数は二七人。稲嶺進市長を支える与党は一五人の立候補者（現職一四人、新人一人）全員の当選をめざし、対する野党は、辺野古基地建設に反対する稲嶺市長の手足をもぎとるべく過半数確保をめざしていた。もちろん野党の背後には、安倍政権や、今はその僕となり下がった仲井眞県政の姿が露骨に見えていただけに気が気ではなかったのだ。

私は入院中に病院で期日前投票を済ませていたが、投票日には寝たり起きたりしながら台風の影響を受けた不安定なお天気（による投票率の低さ）に気を揉んでいた。夜は開票を待って、入院以来初めて、日付が変わるまで起きていた。結果は与党一四人、野党一一人、中立の立場の公明党二人が当選。東恩納さんも「危ない」と言われていたにもかかわらず六位という上位当選を果たし、夜遅かったので事務所には行けなかったが、選挙運動を頑張ってくれた仲間たちと電話で喜びを分かち合った。何より地域の人たちが喜んだのは、ほとんど何の働きもしないのに、自民党から票をもらって議員になった大川区（二見以北十区の一つ）出身の議員が見事（！）に落選したことだった。硬軟さまざまな圧力をはねかえして、名護市民は今回も「基地NO」の意思をしっかりと示したのだ。

9月20日には、8月23日に続く県民行動の第二弾として、辺野古の浜で大集会が行われた。私は体調がまだ回復していなかったので参加を見合わせ、琉球新報社が提供したインターネット中継を自宅で見た。この日の参加者も主催者の目標を大きく上回る五五〇〇人。辺野古の浜にあんなに人が集まったのを見たことがない。埋め尽くす人、人、人で、見慣れた浜がいつもの何倍にも見えた。会場の熱気が画面からも伝わってくる。8月の集会には、まだ立候補の表明前だったので姿を見せなかった翁長雄志那覇市長（県知事選予定候補）が、立候補表明を経て今回は参加し、挨拶も行い、万雷の拍手を浴びた。彼自身は選挙のことには触れなかったが、稲嶺進名護市長をはじめ多くの発言者が「翁長知事を誕生させよう！」と呼びかけたため、選挙のための集会なのか、という批判もあったと、後で聞いた。

第三弾は10月9日の県庁包囲行動だった。平日のお昼時、という時間帯ではあったが、これにも目標の約二倍の三八〇〇人が参加し、県民意思を踏みにじる仲井眞県政に対する怒りの声を上げた。この日の行動は、名護市の反対によって新基地建設の設計変更を余儀なくされている沖縄防衛局が、変更に関する県知事の許可を求めているのに対し、許可を出さないよう求めるものでもあった。

辺野古・大浦湾の現場海域は、辺野古大集会直前の9月17日から海保の船団の姿が消え、本来の穏やかさを取り戻している。陸上及び浅海域のボーリング調査が終わり、スパッド台船を使った深場の調査の時期を見計らっている（その準備なのか、少数の船で潜水調査らしきものはやっている）と思われるが、戦場を思わせる大船団のいない海を見るとホッとすると、地域の人々は異口同音に言う。大浦湾を目前にする汀間区のある女性は、「毎日見ていてなんとも思わなかったけど、この海がもしかしたら失われるかもしれないと思うと、いとおしさが募るのよね……」と言った。

一方、辺野古海岸のテント村での座り込み、キャンプ・シュワブゲート前での座り込みも台風の時以外はずっと続けられている。那覇から定期的にバスを出す団体、週末には家族連れ、全国また外国からの訪問者などが相次ぎ、三線をはじめ様々な楽器が奏でられ、替え歌を含む歌や踊りが引きも切らず、若者や学生たちの学習の場ともなっていることを、現場には行けなくてもテレビや新聞などの地元メディアが毎日伝えてくれる。

辺野古テント村には、海上でのたたかいに役立ててほしいと、全国から船やカヌー、軽トラックなどの寄贈や寄付が相次ぎ、深場でのボーリング調査を止める準備が行われている。10月半ばには大型の台風18号、19号が相次いで沖縄に来襲したため、防衛局は暴風と高波で切れ切れになったフロートの回収に追われている。その作業船や海保の監視船は出ているが、台風明けには行うと彼らが発表していたスパッド台船による深場の調査は、この原稿の執筆段階ではまだ行われていない（知事選への影響を恐れて、それまでは控えているのかもしれない）。

## 県民のうねりを知事選へ

２０１４年10月25日記

沖縄の命運を左右する11月16日（投開票）の県知事選挙まで一ヵ月を切った。今回の選挙の最大の争点は辺野古新基地建設の是非であり、それは、沖縄を今後も（国の「振興策」と引き換えに）米軍基地の頸木の元に置き続けるのか、それとも、基地のない平和で自立した島に向けた第一歩を踏み出すのか——の大きな分かれ目となる。

私は入院直前の8月21日、体調不良を押して、女性たちによる翁長雄志那覇市長（当時）への知事選出馬要請に参加した。どうしても直接、翁長氏の顔を見、話を聞きたいと思ったからだ。

翁長氏が七年前の「教科書検定意見撤回を求める県民大会」（２００７年9月29日）の共同代表を務めた頃から、私は彼に注目してきた。オスプレイ配備・基地の県内移設反対集会への参加、四年前の知事選で仲井眞氏の選対本部長として「県外移設」を公約させたこと（それで彼は再選を果たすことができたのだが）、昨年の「オール沖縄」での「建白書」のリーダーシップを取るなどの行動を見る中で、「ウチナー魂」を持った骨のある保守政治家だと評価し、書いてもきた。私の中では密かに次の知事候補への期待が高まり、稲嶺市長再選を勝ち取った名護市民が保革を越えて「翁長」でまとまっていくのを心強く思っていたが、他市町村の市民運動仲間の友人たちの中には「彼が当選したら必ず裏切る」とか「政府・自民党と既に裏取引ができている」などという不信感がくすぶっていた。直接私にそれをぶつけてくる人には、そんなことはありえないと否定していたけれど、それを確認したかったのだ。

名護からチャーターバスで行った私たち二四人を含む一〇〇人以上の、いわゆる「革新系」女性たち（私たちの前に「保守系」女性たちからの出馬要請もあったようだ）を前に、翁長さんは「みなさんとはかつて敵同士でした」と切り出し、笑いを誘った。要請団の代表を務めたのは「基地・軍隊を許さない行動する女たちの会」代表の高里鈴代さん。かつて革新系の候補者として翁長さんと那覇市長選を戦った彼女が、「旧敵」への知事選出馬要請を行う。それはまさしく歴史的瞬間だった。歴史は大きく動いたのだ。この瞬間に立ち会えて、本当に良かったと思った。

保守政治家の家庭に生まれ育ち、子どもの頃から政治家を目指したが、県民が望んで持って来たわけでもない基地を挟んで保守・革新がいがみあうことへの悲しみと、「沖縄は基地で食べている」と言われることへの悔しさを感じ続けて来たこと、教科書問題の集会の時から自分は「右」から「真ん中」に位置を移したこと、沖縄の思いが凝縮された「建白書」が安倍政権に一顧だにされず、あまつさえ都内でのデモ行進に「中国のスパイ」「琉球は沖縄から出て行け！」などの罵声を浴びせられ、周りの東京人が全くの無関心だったことへのショック、その後の自民党県連や仲井眞知事の裏切りに対する悔しさと怒りなど、淡々と語る彼の話はどれも胸に響くものだった。そして何よりも私は、彼から感じる清々しさに心から安心したのだ。それは、稲嶺進名護市長に感じるのと同様のものだった。政治家にありがちなギラギラした欲望を完全に削ぎ落とし（以前からそういうものの少ない人だと思ってはいたが）、「県民に寄り添い」「県民のために」命を懸ける覚悟をこの人は決めていると、はっきりわかり、私は安心して入院できたのだった。

前述したように、新基地建設に反対する県民・市民のたたかいは、日を追って「うねり」が大きくなっている。このうねりはそのまま県知事選へとつながるだろう。これに危機感を抱いた安倍政権が国家権力を振りかざして暴力的対応に出れば出るほど、県民の八割もの反対を無視して新基地を押し付ける「沖縄差別」に対する反発は強まり、日米権力に擦り寄る仲井眞知事が「普天間の負担軽減なのに（県民が）なぜ反対するのかわからない」などと居直れば居直るほど、県民の心は、三選を目指す彼から離れていく。地元紙への県政広告は、県政広報を利用した仲井眞の選挙運動だと県民の大反発を招いた。

9月18日に行われたスコットランドの独立の是非を問う住民投票に対する沖縄県民の関心は高かった。10月3日に琉球大学で開催されたブーゲンヴィル島（パプアニューギニアからの独立を問う住民投票を2020年までに実施予定）前大統領の講演会も一般県民の参加が多かった。自らの歴史を振り返り、「独立」をも視野に入れた自決権について、沖縄県民が真剣に考えるのはこれまでになかったことだ。「イデオロギーよりもアイデンティティ」「平和と誇りある豊かさ」という翁長さんの訴えは、そんな県民の思いと響き合う。彼は那覇市長を辞職し、いよいよ本格的な選挙運動に入った。しかし、相手は巨大な国家権力だ。厳しいたたかいとなることは避けられない。

わが二見以北も切り崩し攻撃の標的になっている。新生名護市議会は改めて、新基地建設反対の決議を行った（一五対一一。議長を除き、公明党を含む一五人が建設反対）が、その直後の10月17日、辺野古の宮城安秀議員（基地建設推進の立場）に連れられて、二見以北十区のうち五区の区長たちが名を連ねて仲井眞知事への地域振興策要請を行った（実際に行ったのは四区長）ことが判明し、何も知らされていない住民らの憤激をかった。辺野古と同様、二見以北もカネと引き換えに基地建設を認めていますよ、というパフォーマンスだろう。知事選に向けて安倍政権や現県政が糸を引いているのは見え見えだ。「何でもあり」の攻撃は今後ますます強まると思われる。油断はできないが、しかし、こんなことは一般県民のより大きな反発を招き、彼らは墓穴を掘るだけだ。

## 翁長知事誕生！　沖縄の歴史の新たな一頁を開く

２０１４年11月18日記

抜けるような青空から降り注ぐ秋の陽射しを受けて、大浦湾の水面がキラキラと輝く。11月16日に行われた沖縄県知事選で、日米両政府がジュゴンの棲むこの豊穣の海に計画している新たな巨大米軍基地の建設を「あらゆる手段を用いて阻止する」と明言する翁長雄志新知事が誕生したことを、空も海も山も、みんなが喜んでいるようだ。

それは見事な勝利だった。「島の未来をいいいろ（11・16）に」（『選挙公報』）と沖縄県選挙管理委員会が呼びかけた県知事選は、辺野古新基地建設の是非を最大の焦点として行われ、「新基地は絶対造らせない」と断言する翁長雄志・前那覇市長が一〇万票の大差で、辺野古埋め立て承認を行った現職・仲井眞弘多氏を破り、沖縄の歴史の新たな一頁を開いた。頁をめくったのは、子や孫の未来のために基地のない平和な島を願うウチナーウマンチュ（沖縄御万人。御真人と表現する人もいる）の手だ。

今年7月以降、この海は、地域の沖縄戦体験者たちが「六九年前の悪夢を見るようだ」と身震いする「戦場」となった。県民の大多数の「辺野古新基地ＮＯ」の意思を一顧だにせず、国家権力を総動員して基地建設に向けた海域ボーリング調査を強行しようとする安倍政権は、海上保安庁の大型巡視船やゴムボート、監視船など夥しい数の船団を繰り出し、抗議する住民らのカヌーに襲いかかった。そのさまは、海が真っ黒に見えるほど米艦船によって埋め尽くされた「あの時」を思い出させた。

しかしながら、そのようなむき出しの暴力は県民の怒りをますます掻き立て、過去五〇〇年にわたって沖縄の意思、人権と誇りが踏みにじられてきた歴史を振り返らせ、これまで関心を持たなかった、あるいは関心を持ちつつも行動に移せなかった多くの県民を動かす結果となった。座り込み一〇年を過ぎた辺野古テント村や、ボーリング資材の搬入を阻止するために7月から始まった米軍キャンプ・シュワブゲート前座り込み・海上抗議行動に県内各地から人々が続々と駆け付けた。その多くがいわゆる「運動家」ではなく、家族連れを含む一般県民だった。

子や孫たちのために基地はいらない、自分たちの未来は自分たちで決めたいというウチナーンチュの願いが一つにまとまり、大きな流れとなっていくのを私は肌で感じていた。そしてそれはそのまま、日本政府の恫喝に屈して辺野古埋め立て承認を行った仲井眞知事を拒否し、新知事を誕生させる力となったのだ。翁長氏は「基地は沖縄経済の最大の阻害物」と言い切り、「平和でなければ経済は立ち行かない」ことに気付いた多くの経済人も列に加わった。

選挙戦最終日の県庁前打ち上げ集会で、詰めかけた七五〇〇人の支持者を前に翁長氏が「県民の皆さんが私の先を行っている」と述べたように、彼を新知事に押し上げたのは、沖縄の意思を無視し、暴力的に基地建設を進めようとする安倍政権に対する県民の心の底からの怒りであり、主義主張や思想信条の違いを越えて、この歴史的危機を乗り越えようとする県民の大きなうねりであった。これに対し「流れをとめるな」と繰り返す仲井眞陣営の宣伝は、基地を差し出してカネをもらおうとする卑屈な姿勢を今後も続けることであり、ウチナーンチュの誇りを著しく傷つけるものでしかなかった。翁長氏はいつも演説の最後を「ウチナーンチョー、ウセーテーナランドー（沖縄人を馬鹿にするな）」という言葉で締めくくり、聴衆の喝さいを浴びた。

翁長氏は辺野古だけでなく高江へリパッド建設にも「ノー」の姿勢を明らかにし、沖縄の明るい未来に影を落とすとして原発建設や不当な格差、カジノに「レッドカード」を突きつけた。

知事選と同時に行われた那覇市長選も、翁長氏の後継の城間幹子氏が、仲井眞氏と連携する自民党候補に圧勝。県議補欠選挙も翁長氏を支える与党が四八議席中二五議席を占める結果をもたらし、ダブル・トリプルの勝利となった。私たち名護市民にとって何よりうれしかったのは、今年1月の市長選で稲嶺進市長に敗れた辺野古推進派の末松文信前県議の返り咲きを許さなかったことだ。末松氏の無投票当選を許してはならないという稲嶺市政与党市議団のたっての要請に応え、告示ぎりぎりで立候補を決意し、見事当選を果たした具志堅《ぐしけん》徹《とおる》新県議は、名護市議を一一期四〇年務めあげたベテランで、ヘリ基地反対協の役員でもある。

大浦湾沿岸地域に暮らし、自分たちの運命が自分たちの手の届かないところで勝手に決められる理不尽に歯噛みしながらも、この一七年間、基地反対の灯を守り続けてき私たちに、ようやく夜明けが訪れた。知事選の結果にかかわらず基地建設を「粛々と進める」とうそぶく安倍政権を相手に、これからが正念場だが、地域住民の顔は明るい。

知事選告示日の第一声を、本人のたっての希望で、座り込みや抗議行動の続くキャンプ・シュワブゲート前で上げ、本気度を示した翁長氏は、当選後も真っ先にゲート前テントを訪れ、「ここが原点。沖縄から本当の民主主義を発信していきたい」と語った。市長権限を使って基地建設への「ノー」を貫いてきた稲嶺名護市長は、県知事という強い後ろ盾を得て溢れんばかりの笑顔を見せた。知事と県民、市長と市民ががっちりスクラムを組んで日米両政府と渡り合うのはこれからだ。

## 衆議院沖縄全4選挙区で「新基地NO」の候補が当選

２０１４年12月15日記

圧倒的県民の支持を得て辺野古新基地建設に反対する翁長雄志氏が沖縄県知事選に勝利したわずか二日後の11月18日夜遅く、焦った安倍政権はボーリング調査用の機材をキャンプ・シュワブ内に搬入、翌19日から海上作業を強行し、現場は再び緊張を強いられた。

そして同時に行われた突然の大義なき衆議院解散。当選後すぐ、県民意思を伝えに政府に出向く予定だった翁長氏は「意表を突かれた」と語り、県民は「知事選の結果を薄めようとしているのでは」といぶかったが、これを機会に、県民を裏切った自民党議員を全員落とすために、今回の知事選の枠組みで総選挙をたたかおうと、沖縄全四区で自民党と対決する統一候補を擁立した。共産党・社民党・

生活の党・無所属と、それぞれ所属の違う候補者を「オール沖縄」で応援する枠組みを作り、自民党出身の翁長氏自ら、共産党や社民党候補の応援演説に立った（衆議院選への影響を恐れてか、22日以降、大浦湾の海上作業は中断された）。

そして結果（12月14日投開票）は、四選挙区全てにおいて、自民党本部の圧力に屈して公約とは逆の新基地建設容認に転じた自民党議員が落選し、一区＝共産党の赤嶺政賢さん、二区＝社民党の照屋寛徳さん、三区＝生活の党の玉城デニーさん、四区＝無所属の仲里利信さんと、新基地反対を掲げた候補者が当選した。知事選の流れがそのまま引き継がれたのだ（落選した自民党候補者は全員、比例復活したため、県民から「何のための選挙か？」という疑問の声が多々上がった）。とりわけ四区の仲里さん（かつて自民党沖縄県連の重鎮で県議会議長も務めた）は、七七歳の国政新人候補として、自ら後援会長を務めたこともある西銘《にしめ》恒三郎氏とのいわば「師弟対決」となり、体力的にも精神的にも苦闘を強いられたのではないかと案じていたが、その分、ご本人を含め県民の喜びもひとしおだった。

沖縄県民は今年四度目の「新基地ＮＯ」の意思表示をしっかりと行い、安倍政権に最後のダメ押しを突きつけたのだ。16日、当選した四人が揃って訪れたゲート前テントは沸き返り、喜びの三線とカチャーシーがいつ果てるともなく続いた。

一方、12月9日の任期満了を前に仲井眞弘多知事は知事選直後、新基地建設に対する名護市の協力拒否に伴い沖縄防衛局が県に申請していた工法変更についての判断を次期知事に委ねる姿勢を示していたが、11月28日、首相官邸で安倍首相や菅官房長官と会ったあと急変、任期中の承認の意向を示した。12月4日には二二〇〇人の県民が「承認しない」よう求める県庁包囲行動を行ったにもかかわらず、翌5日、申請三件中二件を承認。抗議する県民やメディアから逃れ、県庁には姿を見せず知事公舎で談話を発表するというお粗末さだった。

任期切れ直前の「ハンコの押し逃げ」に対する県民の怒りは収まらず、9日の離任当日、県職員と県警の厚い壁に防護され、「裏切り者!」という県民からの罵声を浴びながら彼は県庁を去った。

翌10日、翁長新知事就任日の県庁は、前日とは正反対のなごやかさ。県職員や県民の温かい拍手に包まれて初登庁した翁長知事は、就任記者会見で「辺野古新基地建設阻止を県政運営の柱とし、公約実現に全力で取り組む」と語った。前知事による埋め立て承認の取り消し又は撤回をどのように実現するのかという難題、政府の大きな壁が早速待ち構えている。

## 工事強行に島ぐるみの結束

２０１５年１月20日記

２０１５年年明け早々から、辺野古・大浦湾は大荒れに荒れた。1月10日（土曜）朝、沖縄防衛局は昨年の衆議院選前から中断していた新基地建設工事のための資材や重機搬入を再開。急を聞いてキャンプ・シュワブゲートへ駆けつけた市民らがそれ以上の搬入を止め、夕方まで抗議の座り込みを続けたが、人々が午後7時過ぎに解散した後の深夜、再び搬入を強行し、再結集した市民の一人が不当逮捕された（二日後に処分保留で釈放）。

1月の名護市長選、9月の名護市議選、11月の県知事選、そして極め付けに沖縄全四選挙区で自民党候補が完敗し「オール沖縄」候補が全員当選した12月の衆議院選と、昨年一年間のすべての選挙で辺野古新基地建設反対を掲げる候補者が圧勝したにもかかわらず、安倍政権は、これ以上ないほどはっきり示された沖縄県民の民意を一顧だにせず、「粛々と」新基地建設を強行する姿勢だ。

安倍晋三首相も菅義偉官房長官も、昨年末、就任挨拶に上京した翁長雄志新知事と会うことすら拒否し（菅氏は「会うつもりはない」と断言）、次年度の沖縄予算を減らすなど、仲井眞前知事への対応との違いを際立たせている。衆議院選の腹いせに、「翁長知事では沖縄はやっていけない」ことを県民に思い知らせようというつもりなのかもしれないが、あまりにも露骨で駄々っ子のような対応は、「オール沖縄」の県民の結束をより強くする結果となっている。

11日以降、辺野古の現場は二四時間体制を強いられ、14日深夜から15日未明にかけて重機搬入をめぐる機動隊と市民との激しい攻防で怪我人も出たが、真夜中にもかかわらずゲート前には百人を超える市民・県民、県議会議員、市町村議員、山本太郎参議院議員も駆けつけた。海上作業も再開され、海上保安庁が抗議する市民のカヌーを追い回しているが、これまで那覇から週一回辺野古に抗議バスを送っていた「島ぐるみ会議」が15日から毎日、那覇から三台、沖縄市から一台出すことになり、宜野湾・うるま・名護市からも運行が決まった。文字通り島ぐるみで、この不当極まる暴挙を止めようという機運が盛り上がっている。

## サバニの走る平和な海を

２０１５年２月16日記

「危ない！」「沈没する！」「暴力はやめろ！」

海にも陸にも悲鳴と怒号が響く。昨年の県知事選をはじめとする一連の選挙で示された沖縄の民意を蹴散らし、まるでそれに「報復」するかのように、海では海上保安庁が、陸では機動隊が（いずれも全国動員だ）、沖縄県民を「敵」とみなす圧殺行為を繰り広げている。

こんな理不尽がどうしてまかり通るのか……。七〇年前の沖縄戦を思い起こさせる大浦湾の光景を毎日見せつけられる度に、怒りすら超えた言い難い感情にとらわれる。

昨年7月、辺野古基地建設に向けた海上作業が開始されてから今日までの怪我人は少なくとも一二人（うち二人が海上保安官を刑事告訴）。翁長知事が海保と県警を呼んで警備の安全を求めたが、安倍政権は「警備は適切」と言い募り、批判の声が高まると、殴る・蹴るの暴力は少し収まったものの、カヌーを拘束して沖合3キロの外洋に放置する、定員いっぱいの市民の抗議船に乗り込んで、転覆寸前まで船を傾かせる（冷たい海に投げ出され、死ぬ思いをした人も少なくない）などの殺人行為が繰り返されている。

建設に向けたボーリング調査や工事に抗議する市民を排除するために勝手に閣議決定した臨時制限区域すら恣意的に拡大し、広い大浦湾のほとんどを囲い込むオイルフェンスやフロート（浮き具）。それらを固定するためと称して連日、10〜45トンの巨大なコンクリートブロックが大型クレーン船で海に投げ込まれる。それを見ていた地元のある女性は、「自分の体が押しつぶされるようで苦しい……」と漏らした。

ヘリ基地反対協議会のダイビングチーム・レインボーの潜水調査で、これらのトンブロックがサンゴや海草藻場を広範囲に傷つけ、破壊していることが確認された。仲井眞前知事による岩礁破砕許可の区域外であり、明らかな不法行為だ。

ボーリングや工事のための資材や重機搬入を阻止するキャンプ・シュワブゲート前での二四時間監視体制の現場も、疲労の色が濃くなった。昼間は、島ぐるみ会議のバスや個人参加も増え続けているが、人手の手薄な深夜や明け方に、機動隊を大動員して強行するのが彼らの常套手段だ。

翁長知事は、前知事の埋め立て承認取り消しに向けた検証委員会を設置し、2月6日にその初会合が開かれた。検証が終わるまで作業を中止するよう知事は求め、私たち地元住民も防衛局に要請に行ったが、安倍政権は完全無視だ。

このままでは海も人も殺されてしまう！　知事が承認を取り消ししようが、撤回しようが作業は「粛々と進める」とうそぶく安倍政権を国民は許すのか。これは決して沖縄の問題ではない。日本の民主主義が問われているのだ。

そんな中の2月15日、名護市内で活動するサバニ愛好家たちが、大浦湾に二隻の帆掛け（フーカキ）サバニを出し、辺野古新基地建設に反対する抗議のデモンストレーションを行った。

サバニは、海に囲まれた琉球列島古来の手漕ぎの木造舟で、かつては漁業や運搬用に広く使われていた。その流線型の姿形は、機能性と美しさを兼ね備えていて、見るたびにうっとりしてしまうほどだ。今はもう、実用にはほとんど使われなくなったが、かつてはこの大浦湾にも、「やんばる船」（やんばる

大浦湾を走るフーカキサバニ。背後にフロートと海保の監視船が見える

から薪や林産物を島の中南部へ運び、中南部から生活物資を運んだ木造船）とともに、たくさんのサバニが走っていた。

　しかし、そんな平和な時代は去り、沖縄戦が来て、米軍基地が居座り、今また新しい巨大基地が造られようとしている。反対する市民を排除するために、オレンジ色のフロートが大浦湾を囲い込み、フロートを固定するための巨大なコンクリートブロックが大浦湾の貴重なサンゴ群や海草藻場（ジュゴンの餌場）を破壊している。そんな現状に居ても立ってもいられなくなった海大好き人間たちが、抗議の意思表示と、サバニの浮かぶ平和な海を取り戻したいという思いを込めての行動だった。

この日、私は伴走船に乗ってサバニとともに海に出た。視界いっぱいに張り巡らされた目障りなフロート。至るところにたむろする海上保安庁の監視船やゴムボート（フロートの脇を走るサバニに度々「警告」を発してくる）。透明度が高いので船上からも見える海底のコンクリートブロック……。そんな不快な邪魔物を吹き飛ばし、サバニはすべるように水面を進む。エークと呼ばれる櫂を漕ぐ七～八人の漕ぎ手と艫《とも》に座る舵取り、帆が孕む風が、その原動力だ。天気は快晴。波も静かで、紺碧の海の色が心地よく目に染みる。

そう、私たちが取り戻したいのはこれなんだと、私は改めて思い、サバニや「やんばる船」が行き交う平和な海を取り戻す決意を新たにした。

「平和な海」へ向けてサバニは進む

## 山城さん不当逮捕と70年前の収容所

２０１５年２月28日記

2月22日朝、キャンプ・シュワブゲート前で、辺野古新基地建設に反対する抗議行動のリーダーシップを取っていた沖縄平和運動センター議長の山城博治さんが米軍の日本人警備員に拘束され、両足を引きずられて基地内に連行された。それを止めようとした男性一人も同様に連行され、二人は後ろ手に手錠をかけられたまま基地内に数時間拘束されたのち、名護警察署に引き渡された。

山城さんは抗議する人々に、ゲート前に引かれた基地との境界を示す黄色い線を越えないよう呼びかけていたところをいきなり拘束されたのだ。この日は午後からゲート前で「止めよう辺野古新基地建設！国の横暴・工事強行に抗議する県民集会」が行われることになっており、明らかに、運動のリーダーを狙った事前弾圧だった。

集会には三千人以上が参加し、工事強行に加え、この不当弾圧への怒りと抗議の声が渦巻いた。地域の高校生代表として登壇した渡具知武龍《たけりゅう》さん（名護高校二年）は「親に連れられて参加するだけの子どもだった僕は、自分で考えて行動する高校生になりました」「撤去されるべきは、テントではなく基地です」と述べ、大きな拍手を浴びた。

集会後、参加者の多くが名護警察署前に移動、夜を徹して不当逮捕への抗議と即時釈放を要求した。この無茶苦茶な逮捕劇は米軍の指示で行われ、県警は事前に知らされていなかったことが明らかとなった。何の根拠もないため長期拘留や起訴は不可能であり、二人は三五時間後に解放された。

米軍に指示されゲート前テントの強制撤去を迫る安倍政権は、北部国道事務所の職員を動員してテントの二四時間監視に当たらせているが、気持ちとは反対に県民同士が敵対させられる心身の負担は耐え難いとして、沖縄国公労は異例の抗議と中止要請を行った。

沖縄県は2月26日、大浦湾の制限水域外で潜水調査を行い、沖縄防衛局のコンクリートブロックによるサンゴ破壊を確認。違反があれば岩礁破砕許可を取り消す方針だが、米軍は制限水域内の県調査を拒否した。

あらゆる暴挙と理不尽がまかり通るこの地の現状と、地域の体験者から聞いた七〇年前の様子が、私の中でだぶってくる。沖縄戦の時、ここは米軍による民間人収容所だった。１９４５年4月1日、沖縄を本土防衛のための防波堤（捨て石）と位置付けた日本軍はあえて抵抗せずに米軍を上陸させ、「この世の地獄をありったけ集めた」と米軍人に言わせた沖縄地上戦に多くの県民を巻き込んだ。米軍は日本軍と戦闘する一方で、辛うじて生き残った民間人を収容所に囲い込んだ。日本本土攻撃に向けた基地を作るためだ。普天間基地もそうやって造られた。

米軍が「オラサキ」と呼んだここ（辺野古崎）には大浦崎収容所が設置され、本部《もとぶ》・今帰仁《なきじん》の住民と本部半島に疎開していた伊江島住民二万人以上が米軍トラックに詰め込まれて運ばれた。行く先も知らされず（海に捨てられると覚悟した人も多いという）、放り出されたのは赤土だらけの原野。女性と子ども、年寄りだけの集団で、「女狩り」の米兵に襲われる危険のなか掘立小屋を自ら建てなければならなかった。

収容所暮らしは「飢えとのたたかい」だったと、体験者は異口同音に語る。米軍からのわずかな配給では全然足りず、山野の野草も、辺野古崎海岸の貝類もあっという間に取り尽くし、いくら海が豊かでも、魚を捕る舟も道具もない。そんな中で多くの人が浜に流れ着くホンダワラを常食にし、胃腸を壊した人も少なくなかった。「ジュゴンの食べる草も食べたよ」と言う人も多い。辺野古・大浦湾周辺に棲むジュゴンたちの眼に、人間たちの営みはどう映っていたのだろうか？

足りない食糧を補うために、男たち（といっても老人や小・中学生の少年たちだ）は禁を犯して収容所を抜け出し、山をいくつも越えて本部半島へ通った。シマの防空壕に残してきた食糧や畑に残っているイモなどを収容所の家族に届けるためだ。しかし、時には数日をかけてやっと手に入れた食糧を、山中に潜んでいる日本の敗残兵に強奪されたり、ＣＰ（シビリアンポリス＝米軍に任命された民間人警察）に取り上げられ、泣く泣く手ぶらで帰ることも多かった。

やっと寝られるだけの広さしかない不衛生な掘立小屋一軒に数家族がひしめく中で、蚊が媒介する伝染病・マラリアが蔓延し、抵抗力のない老人や乳幼児を中心に多くの人が亡くなった。亡骸は、現在辺野古弾薬庫となっている丘に穴を掘って仮埋葬した（戦後収骨されているが、まだ残されたものもあると言われる）。収容所生活（約五ヵ月間）の中で作られた「大浦崎哀歌」の最後は、ここで亡くなった四百人を悼む歌詞で結ばれている。

「あんな『哀れ《アワリ》』は二度と誰にもさせたくない」と体験者は語る。名護市は大浦崎収容所跡を戦争遺跡として残したい考えだ。戦争のためでなく、その愚かさを語り継ぎ、二度と戦争を起こさないためにこそ、この地は活かされなければならない。

# 次世代ジュゴンのCちゃんは今どこに…

２０１５年3月19日記

旧暦2月。この時期、沖縄の近海では「二月風廻（ニングヮチカジマーイ）」と呼ばれる台風並みの突風が吹き荒れる。突然風向きが変わるので、ウミンチュにとっても強敵だ。

昨年の県知事選前から中断されていた大浦湾での基地建設に向けたボーリング調査が3月12日、強行再開された。ボーリングはスパッド台船や大型クレーン船の機械力で行われるが、それに抗議する人力のカヌーや市民船は、強風や高波に木の葉のように翻弄される。さらに、海上保安庁による暴力の嵐が襲い掛かる。それを見せつけられる私たちの胸にも、激しい二月風廻が吹きすさぶ。風よ、これら海の魔物たちを吹き飛ばしてくださいと、祈る毎日だ。

一方、高江のオスプレイパッド建設をめぐって県民から開示請求のあった県道70号の共同使用に関する日米両政府と沖縄県の協定書を県が開示決定したのは、米との信頼関係を損なうとして安倍政権は沖縄県を提訴した。翁長知事との一切の対話を拒否（中谷防衛大臣は「会っても無意味」と述べた）し、日米一体となって沖縄県や県民を敵対視し力づくで弾圧する姿勢がますます露骨になっている。県は辺野古現地に職員を常時派遣して監視することを決めた。

ボーリング調査のために囲い込まれた辺野古崎《へのこざき》（大浦湾に突き出た岬）沿岸の海底には、ジュゴンの餌である海草藻場が豊かに広がっている。フロートで囲い込まれる前に、私も一員である「北限のジュゴン調査チーム・ザン」（ザンは、ジュゴンの沖縄での呼び名）のメンバーが潜水調査を行い、たくさんの食み跡を確認した。

海草《うみくさ》は陸上の草と同じように光合成する植物で、太陽の光が届くきれいな海にしか生えない。ジュゴンはそれを地下茎ごと掘り起こしながら食べるので、食み跡は筋状になって残る。繊細で敏感な感覚を持ち、人間活動との接触を嫌うジュゴンに負荷を与えず、彼らの生息や活動を確認できる手法として、チームでは食み跡調査を続けてきた。

ジュゴンは、かつては沖縄の近海にも多数生息していたが、乱獲や人間活動による環境悪化で急速に数を減らし、現在は辺野古・大浦湾を中心とする沖縄島北部沿岸域にわずかに残るのみとなっている。野生の生き物なので正確な数はわからないが、確認されている最少頭数は、辺野古基地建設に向けた沖縄防衛局の環境アセス調査でカウントされた三頭。大浦湾に隣接する安部《あぶ》・嘉陽《かよう》を生息域とするAおじさん（雄。尾びれの切れ込みが目印）と、Bかあさん（雌）&子どものCちゃん（雌雄不明）だ。ジュゴンは生後一〜二年は母子で行動することが知られており、BとCは寄り添って、西海岸の古宇利《こうり》島から最北端の辺戸《へど》岬を回って東海岸の大浦湾まで泳いでいるのが確認された。

辺野古崎の食み跡は、母親から離れ独り立ちしたCちゃんのものではないかと、チームでは話し合った。チームの調査フィールドである嘉陽には常にたくさんの食み跡が見られるが、これはおそらくAおじさんのものだ。ジュゴンは一日に体重（成獣は三〇〇キロにもなる）の一割の海草を食べると言われるから、若いCちゃんは餌場を求めて辺野古崎まで行ったのではないだろうか。食み跡から推定される旺盛な食欲はそう思わせる。

だとしたら、スパッド台船やフロートや海上保安庁に餌場を追い出されてしまったCちゃんは今どこでどうしているのだろう……と心配でならない。

次世代を担うCちゃんは私たちの希望でもある。海草しか食べず、争うことを知らない平和そのもののジュゴン。その天敵が私たち人間であることはあまりにも悲しい。彼らを滅ぼしてはならない。それはとりもなおさず、私たち自身のためなのだ。

## 翁長知事、安倍政権と初の対峙

２０１５年4月12日記

昨年12月の翁長知事就任以来、辺野古新基地建設に反対する知事との面談を頑なに拒否し続けてきた安倍政権が、急転直下、4月5日に菅官房長官と知事との会談を行った。それが首相訪米を前にしたアリバイ作りであることは見え見えだったが、いわば安倍政権との初めての対峙の場で、知事が何を語るのか、一四〇万県民は固唾を飲んで見守った。会談会場のホテル前には一五〇〇人もの人々が集まり、知事に熱いエールを送った。

ガッツポーズでそれに応え、会場入りした翁長知事は官房長官をまっすぐ見据え、メモを読まず自らの言葉で直言した。それは、沖縄戦後七〇年、米軍占領から日本復帰後も続く沖縄の理不尽な歴史を踏まえ、県民の積年の思いを見事に代弁するものだった。

「沖縄が自ら基地を提供したことはない。奪っておいて、代替案は持っているのか、日本の安全保障はどう考えているんだなどというのは日本の政治の堕落。世界から見てもおかしい」「上から目線の『粛々と』という言葉は（米軍政下、〈「沖縄の自治は神話だ」と言った〉キャラウェイ高等弁務官を思い出す」などの発言に県民は溜飲を下げ、「辺野古基地は絶対に建設することはできないという確信」に拍手喝采した。自らの信念と政治哲学に根差した翁長知事の言葉に比べ、菅官房長官の言葉の貧弱さが際立つ会談だった。

これについては地元メディアだけでなく全国メディア、各地方メディアなどでも報道されたので、沖縄のことが珍しく全国話題になった。「翁長効果」というべきか、これまで行動に移せなかった県民を含め県内外から、基地ゲート前座り込みへの参加など辺野古現地を訪れる人たちがますます増え、外国からの取材も多い。

翁長知事の作業停止指示にも従わず政府は基地建設に向けた作業を強行し続けている。県や県民があきらめるのを待っているのだろうが、その段階はとっくに越えたことを彼らは知るべきだ。政府内や米国にも綻びが見え始めた一方、翁長県政と県民の結束はますます強まっている。

## 沖縄はもう「処分」されない

２０１５年４月20日記

４月19日、新基地建設に反対する辺野古の浜の座り込みテントが満一一周年を迎えた。日曜日と重なり、観光がてら、あるいはキャンプ・シュワブゲート前座り込みから移動してきた人たちでテントは賑わったが、「今日で一一年」と話すと、みんな一様に驚き、「でも、その前にさらに七年の歴史があるんですよ」と言うと、ため息が漏れた。

一一年前のこの日の明け方、辺野古漁港でボーリング調査に向けた作業が強行開始されようとしたのを、前夜から車中で泊まり込んでいた百人ほどの市民が止めた。その日から始まった座り込みと一年に及ぶ海上でのたたかいが、当時の計画であった「リーフ上埋め立て」を廃案に追い込んだ。にもかかわらず、ゾンビのように、より大きく、より醜く生き返った基地計画（V字形沿岸案）が今日まで続いているのだ。

しかし、もはや私たちは国家権力によって翻弄されるだけの民ではない。4月17日に東京の首相官邸で行われた翁長知事・安倍首相会談は、5日の菅官房長官との会談にも増して、辺野古新基地建設の不当・理不尽さと沖縄県民の民意をはっきりと伝え、民意に支えられた知事自身の建設阻止への決意を改めて示すものになった。「敵陣」に乗り込み、唇を真一文字に結んで、しっかりとした口調で「私は絶対に新基地を造らせない」と首相に直言するテレビ画面の知事を見ながら、その胸の内には、薩摩に忠誠を誓うことを拒否して処刑された謝名親方《じゃなうぇーかた》や、武力をもって「琉球処分」を強行された最後の琉球王・尚泰《しょうたい》などの姿が去来しているのではなかろうかと思った。

あのときと違うのは、沖縄はもう決して「処分」されることに甘んじないということだ。官房長官、首相と続く日本国首脳との会談の結果は、誰が見ても翁長知事の勝利だった。

この歴史的な場面に立ち会い、私たちがこの知事を選んだことを、そして彼が沖縄の歴史と民意に根差して、県民の積年の思いを堂々と言葉にし、行動に表していることを、そこから生まれる知事と県民の揺るぎない信頼関係を、私は心から誇りに思った。

この日は旧暦3月1日だった。旧暦3月1〜3日は一年で最も潮が引く時期で、沖縄各地で「浜下《う》り」が行われる。もともとは潮で身を浄める伝統行事だが、現在は潮干狩りなどを愉しむことが多い。

大きく潮の引いたテント前の干潟で遊んでいた少年たちのうちの二人が、テント前に立っていた私のところへやってきた。「ここも埋められるの？」と心配そうに聞く。辺野古にある国立高専の生徒だという。「そうだね。計画では基地建設のための作業ヤードにしようとしている」と答えると、「いやだ。ここは俺たちの庭なのに」と眉をひそめる。私がこれまでの基地反対の歴史と現状を話し、「大丈夫、絶対造らせないよ」と言うと、笑顔がはじけ、二人は「よし！」とガッツポーズを作った。

## 高まる全国世論と沖縄の「自己決定権」

２０１５年5月25日記

4月17日の翁長―安倍会談以降、辺野古新基地建設問題に関する全国世論が高まっている。4月末に行われた共同通信の世論調査をはじめ全国各メディアによる世論調査でも、建設作業を進める政府より、これを阻止する沖縄に対する支持が上回り、戦争への道を突き進む安倍政権への危機感と相まって、これが「沖縄問題」ではなく、日本の国の在り方そのものを問う問題だという認識が広がりつつある。

4月9日、新基地阻止を目的に創設された「辺野古基金」（県内民間企業代表に加え、菅原文子＝故菅原文太夫人、宮崎駿、鳥越俊太郎などの各氏が共同代表に加わった）には5月11日の結成総会までの一ヵ月で一億八五〇〇万円が集まり、その七割は沖縄県外からという（註：5月末現在で三億円近くに達した）。

辺野古埋め立てのための県外土砂採取予定地とされた西日本各地では採取阻止に向けた動きが活発化し、瀬戸内、門司、五島、天草、佐多岬、奄美、徳之島の七団体で阻止を目指す協議会の結成総会が5月31日、奄美で開催される。

現在も原発被害に苦しむ福島県郡山市でも、佐藤栄佐久元福島県知事なども名を連ねる保革を超えた「沖縄・福島連帯する郡山の会」が発足するなど、沖縄・辺野古現地と結ぶ運動が全国各地に芽生えている。

4月28日に行われた日米首脳会談で辺野古新基地建設を確認したことに対し、翁長知事は翌29日、休日にもかかわらず異例の緊急記者会見を行い、沖縄の声が届かないことを強く批判するとともに、5月11日から建設予定海域での調査をさせるよう政府に改めて求めた。

5月9日、知事は県庁で初会談した中谷防衛大臣に建設断念を迫った。その際に知事が主張した沖縄の「自己決定権」は、県民共通の要求だ。自分たちのことを自分たちで決める、という当たり前のことがなぜこんなにも困難なのか。その当たり前の要求を押しつぶすために海上でも陸上（ゲート前）でも海上保安庁や機動隊の暴力が続き、基地建設を容認する地元勢力を増やそうと、政府の露骨な介入が際立っている。

5月17日、沖縄セルラースタジアム那覇の内外野席三万四千から溢れ出る三万五千人以上が参加した「戦後70年　止めよう辺野古新基地建設！　沖縄県民大会」。「辺野古建設阻止が普天間問題解決の唯一の政策」「県の有するあらゆる手法を用いて造らせない」と宣言し、「ウチナーンチュ、ウシェーテーナイビランドー（沖縄人を侮ってはいけませんよ）」と締めくくった知事の言葉に呼応する人々の声が地鳴りのように轟いた。

そこでも示された沖縄の民意を届けるために5月27日、知事は訪米に出発。稲嶺進名護市長も同行した。「日米合意」の厚い壁を突き崩すのは容易ではないが、私たちは決してあきらめない。現場を担う県民と県政とが心を一つに国内世論・米国世論喚起を狙う沖縄と、「知事が埋め立て承認を取り消しても工事を進める」（26日。菅官房長官）と豪語する安倍政権との真正面からのたたかいが続く。5月24日、一万五千人が国会を包囲して「辺野古阻止」「沖縄との連帯」を叫んだヒューマンチェーンは沖縄県民を大きく勇気づけた。

## 「オール沖縄」から「オール日本」へ

２０１５年６月21日記

6月5日夜、翁長雄志知事は九日間の訪米日程を終えて帰沖した。午後9時半過ぎ空港ロビーに、知事をはじめ同行した稲嶺進名護市長、城間幹子那覇市長、糸数慶子参議院議員、沖縄県議会議員ら（訪米団は総勢三〇人）が並ぶと「お帰りなさい、御苦労さま！」の声とともに大きな拍手が湧き起こった。知事は、テレビで報道された訪米中の緊張した硬い表情とは打って変わった、にこやかな安堵の表情を浮かべながら、夜遅くにもかかわらず大勢の県民が出迎えてくれたことにお礼を述べ、訪米の簡単な報告を兼ねた挨拶を行った。

「日米合意」を盾にした米国政府の壁の厚さを、知事はもとより、それを報道で知る私たち県民も痛感させられた訪米行動だった。決定権のある米政府高官との面談はかなわず、ハワイで知事との会談時に「(辺野古移設)計画の再調査が必要」と理解を示した同州選出の上院議員が数日後(知事訪米中)に「辺野古が唯一の解決策」という声明を出す一幕もあり、日米政府の圧力を窺わせた。しかしそれは逆に言えば、日米両政府が翁長知事の訪米に危機感を持ち、その影響に神経をとがらせていることの表れでもある。

全国メディアの多くは、(意図的にかどうかわからないが)今回の知事訪米がほとんど成果はなかったかのように報道したが、米国の「冷たさ」は初めから「想定内」のことであり、知事は、県民の強い意思に支えられた発言・行動により「気持は伝わったと信じている」「これからが新たな一歩になる」と述べ、ワシントンDCで最初に乗ったタクシーの運転手が、沖縄の知事だと知ると「基地の問題で来たんでしょ。安倍さんと闘ってるんでしょ」と言ったというエピソードや、ワシントンポストに写真付きで報道された知事の記事は、安倍首相訪米時のものより大きかったと報告した。

昨年の就任以来、最初は県民がまとまり、次には官房長官や首相との会談、東京での記者会見などを通じた国内世論の喚起、そして今度は訪米を通じた米国世論の喚起ができた、それらによって「必ず私たちの気持は伝わる」という知事の言葉に、しっかりした意志を感じた。知事は今後も何度でも訪米し、一歩一歩理解を深めていく考えだ。

６月19日、名護市は、翁長知事に同行した稲嶺市長の「訪米報告会」を名護市民会館で開催。市長および訪米団団長を務めた渡久地《とぐち》修県議が市民への報告を行った。

稲嶺市長は、今回の訪米が過去の知事訪米や自らの訪米と違う点として、「これまでは『要請（＝お願い）』だったが、今回はそうではなく、沖縄が『主張する』訪米だったこと」「知事が強い意思を持って自分の言葉で『基地は造らせない』と明確に伝えたこと」「辺野古新基地を造るのは日本政府だが、『（それを使う）アメリカも当事者』だと強く牽制したこと」を上げ、菅官房長官が「（知事は）辺野古が唯一の選択肢だということがわかって帰国されるのではないか」と発言するなど政府の素早い反応は、焦り・危機感の表れであり、知事のアピール性があったということだ、７月中に予定されている第三者委員会の答申によって新たな突破口が開けるだろう、と述べた。

渡久地氏は、「米国防権限報告に『辺野古が唯一』と入ったのは日本政府が強く働きかけている証拠だが、米国は地元が『受け入れなければ……』とも言っている。このまま強行すれば、矛先がアメリカに向かうという懸念も持っている。オール沖縄の訪米団がワシントンへ一歩を踏み出したのは沖縄の歴史の大きな一歩だ。日本政府は声明を出して、今回の訪米の意義を否定しようとしているが、今や辺野古基地反対は、オール沖縄からオールニッポンになりつつある」と語った。

辺野古・大浦湾では、県民の大反対も知事の中止要請も蹴散らしてボーリング調査が続いているが、海上やゲート前での市民的抵抗によって当初の予定は大きく遅れ（３月末→６月末）、沖縄防衛局はさらに８月末までの調査期間延期を発表した。

# 海神の怒りと第三者委員会報告「承認手続きに瑕疵あり」

２０１５年７月18日

７月上旬、大型台風９号が沖縄各地に被害をもたらして去った後も、辺野古・大浦湾の高波はなかなか静まらない。後続の台風11号の影響もあるが、海の神さまの怒りがボーリング用台船の接近を拒んでいるかのようだ。

臨時制限区域と称して大浦湾を広範囲に囲い込んでいたフロートやオイルフェンスは、この台風でズタズタになった。防衛省が設置した環境等監視委員会（情報隠ぺいなどで悪評高い）が台風対策としてフロートの撤去を指示したにもかかわらず防衛局はそれを怠り、切れたフロートが浜に漂い、オイルフェンスが沿岸の岩に打ち上げられた。

私たちが心配しているのは、フロートを固定するための重しとして繋がれている15～45トンのコンクリートブロックが、波に揉まれるフロートに引きずられてサンゴを破壊し、海底を広範囲に傷つけているのではないかということだ。それを一刻も早く明らかにしたいと、ヘリ基地反対協のダイビングチーム・レインボーは７月14日、潜水調査を行った。波も高く視界不良で調査は早々に切り上げられたが、ブイの鎖がサンゴを傷つけたり、フロートがサンゴ礁に絡まって「首吊り状態」になっているのが発見された。天候回復次第さらなる調査が行われれば、広範囲の被害が明らかになるだろう。

台風はまだ序の口で、これから秋まで次々にやってくる。防衛局によるフロートの再設置をさせてはならない。同日、ボーリング用の大型台船が台風避難している羽地内海（大浦湾と反対側の名護市西海岸）

にカヌー九艇が漕ぎ出し、沿岸からは「島ぐるみ会議」のバスで駆けつけた県民一二〇人が「大浦湾に来るな」「沖縄から出て行け」と声を上げた。

キャンプ・シュワブゲート前の二四時間座り込みは7月7日で一周年を迎えた（11日に予定されていた一周年イベントは台風で一週間延期になった）。台風対策で撤去されていた市民テントの再設置を阻止・監視するために北部国道事務所の職員が動員されたが、テントは無事再設置。心ならずも市民を監視させられる職員が、さらに上司に監視される中で、職員の四割が心療内科での診療を余儀なくされているという。

7月16日、仲井眞弘多前知事の辺野古埋め立て承認について検証作業を続けていた沖縄県の第三者委員会が、承認手続きに「瑕疵が認められる」とする報告書を翁長雄志知事に提出した。翁長知事はそれを受け、承認の取り消しに向けて踏み出すが、安倍政権は「知事が取り消しても工事は続ける」と強弁している。辺野古基地建設と、安倍政権が今国会で何が何でも成立させようと目論む戦争法制は一体のものだ。7月15日、戦争法案の衆議院可決強行に対し、那覇でも一八〇〇人が抗議のデモを行った。

## 「一ヵ月の停止」を「永遠の停止」に

2015年8月23日

8月10日、大浦湾が本来の静けさと美しさを取り戻した。昨年7月から一年余にわたって、辺野古新基地建設に向けたボーリング調査を強行する「国」と、これに反対し阻止しようとする「民意」とがぶつかり、海上保安庁による暴力の嵐が吹き荒れた「戦場」の海が、日本政府と沖縄県が合意した「一ヵ月間の休戦」に入ったのだ。

8月4日、突然発表されたこの合意は、沖縄県民だけでなく全国を驚かせた。菅官房長官と翁長雄志沖縄県知事がそれぞれ会見して発表した内容は、8月10日から9月9日までの一ヵ月間、双方が辺野古基地建設に関するすべての工事や手続きを停止し、集中的に協議することで合意したという。地元紙記者からの一報でこのことを知った私の胸には、驚きと当時に大きな感慨が湧き起った。この一九年間、私たちの反対や抗議は政府権力に一切無視され、県民が一丸となって声を上げても、政府がそれに一瞬でも耳を傾けることはついぞなかったからだ。やっとここまで来たんだと思った。

もちろん、この「休戦」が、翁長知事による辺野古埋め立て承認取り消しが必至となっていること（8月末頃と報道されていた）、参議院で審議中の戦争法案が国民の支持率の低下を招いていることに対する安倍政権の時間稼ぎ、起死回生策であり、戦争法案と辺野古という厄介な二つの問題の前者をまずは成立させてから、辺野古に取り組もうという計算づくのものであることを、私たち県民は見抜いている。水面下で米国からの働きかけがあったことも想像できる。

しかし一方で、国と県、互いの合意による「休戦」と、その期間中の集中協議という新たな局面は、いくら声を大にして訴えても一顧だにされなかった私たちの長い長い基地反対運動の中で画期的なものであり、沖縄の未来のために辺野古基地を絶対造らせないという翁長知事と県民の固い結束、海と陸双方の現場における不屈の抗議・阻止行動の広がりが勝ち取ったものであることも確かだ。

集中協議の第一回は8月12日、県庁で菅官房長官と（この日、米軍ヘリが、うるま市沖で墜落し、陸上自衛隊員を含む乗組員七人が負傷するという事故が起こった）、18日には首相官邸で菅長官、中谷防衛大臣、岸田外務大臣、山口沖縄担当大臣らと会談が行われたが、あくまでも辺野古に固執する政権側に対して翁長知事は「沖縄を領土としてしか見ていない」「辺野古基地建設は豊かな自然の残る（沖縄島）北部を殺す」などと反論した。今後も協議は続くが、「普天間の危険性除去（＝辺野古移設）という日米合意」が原点だとする政権と、「普天間基地は住民の合意なく奪われた」ことが原点だという沖縄が、一ヵ月で「妥協点」を見出すことはありえない。

むしろ翁長知事の意図は、この協議を通して「原点」の違いを際立たせ、沖縄の現状、歴史的経過、その理不尽さを、安倍政権に対してというより全国民に伝え、国民世論を味方に付けたいというところにあり、それは功を奏しているのではないだろうか。彼は、県民の積年の思いを「魂の飢餓感」と表現した。「言葉の力」を持っている人だと改めて思う。翁長知事の奮闘に呼応し、支え、一ヵ月の（作業）停止でなく「永遠の停止」＝断念に持ち込もうと、現場での抗議行動はますますの広がりを見せ、参加者は増え続けている。

# あとがき

この本の編集中にも辺野古新基地建設を巡る政治や現場の状況はめまぐるしく動いた。そして今も動き続けている。時間とともに伝えたい内容はどんどん増え、どこで脱稿すればいいのかわからなくなるが、発行するためには区切りをつけざるを得ない。「あとがき」と言うにはふさわしくないかもしれないが、本文以降、今日までの動きを追ってみたい。

２０１５年9月14日午前10時、記者会見した翁長雄志知事は、仲井眞前知事が行った辺野古埋め立て承認を取り消す手続きに入ったことを発表した。海上保安庁や機動隊の暴力にさらされながら一年以上にわたって現場のたたかいを担ってきた人々をはじめ多くの県民の待ちに待った瞬間だった。

国と県との一カ月の「休戦」、その間の集中協議は大方の予想通り「決裂」に終わり、自民党出身の知事をなんとか籠絡しようとした安倍政権のもくろみは見事に外れた。逆に、翁長知事の「言葉の力」が沖縄県民の積年の思い、沖縄の正当性を広く伝える結果となった。協議期間終了後の12日（土曜日）、防衛省はボーリング調査に向けた作業を再開したため、県は月曜日の朝の取り消し表明に踏み切ったのだ。

キャンプ・シュワブゲート前では14日早朝6時から翁長知事を激励する集会が行われ、取り消し表明が伝えられると歓声が沸き起こった。海上では、カヌーチームが10時を期して一斉に（臨時制限区域を示す）フロート越えを行い、知事にエールを送った。

県知事をはじめ県民がどんなに反対しても安倍政権は辺野古基地建設を強行する構えだ。翌15日から早速、海上保安庁や機動隊が増強された。海でも陸でも再び攻防が始まり、昼夜を徹しての警戒・阻止行動が再開された。

16日夜に開催された「島ぐるみ会議やんばる大集会」には稲嶺進名護市長をはじめ北部九市町村（国頭村、東村、大宜味村、本部町、今帰仁村、名護市、宜野座村、金武町、恩納村）の代表が登壇し、会場の名護市民会館大ホールは二階、三階席まで満杯の一二〇〇人の熱気にあふれた。翁長知事からのメッセージが圧倒的拍手で迎えられ、知事を支え辺野古新基地・高江ヘリパッド建設阻止に向けた決意を全員で確認した。挨拶の中で稲嶺市長は、米カリフォルニア州バークレー市議会における辺野古基地反対の決議（15日、全会一致）や東京都武蔵野市議会の意見書（16日）を紹介。沖縄への共感が全国、米国にも広がっていることを示した。

（9月12日に東京で行われた「止めよう！辺野古埋め立て」国会包囲に2万2千人もの人が集まったことも、沖縄県民を大きく勇気づけた。辺野古新基地に反対する国会包囲では過去最大規模だという。戦争法案と辺野古基地建設は一体のものであること、辺野古基地建設を許せば、その災いは全国に及ぶという私たちの主張が、ようやく全国の人々の共通認識になりつつあるということだろう。）

17日朝、ゲート前で一人が逮捕された。集中協議期間終了以降、再び午前6時～8時までの早朝行動（7時前後にゲート入りする作業員や作業車を止めるため）が呼びかけられ、参加者は増えているものの、機動隊の数はそれをはるかに上回って増え、「ごぼう抜き」や装甲車を並べて市民を囲い込む、などが常態となっている。その装甲車のタイヤを蹴ったというだけの不当逮捕だった（翌日釈放）。翌18日には、（座り込み参加者を駐車場所からゲート前に送迎する）送迎担当の男性が、警察の聴取に応じなかったという理由で車の窓ガラスを割られたあげく逮捕された。権力の暴力性がどんどん増しているというのが実感だ。

19日未明、東京では、多くの若者たちをはじめ国会議事堂を取り巻く抗議の声が夜を徹して渦巻く中、参議院本会議で安全保障関連法（戦争法）が強行可決され成立した。辺野古では、その日の深夜から翌20日未明にかけて、ゲート前テントが約二〇人の右翼集団に襲撃された。テントが荒らされ、横断幕がはがされたりカッターナイフで切られたりし、また、殴られたり、もみ合いで、泊まり込んでいた男女数人の市民が怪我をした。集団は近くの空き地で酒盛りをしたあと襲撃に来たようで（「戦争法成立で御祝儀が出たのではないか」と推測する人もいた）、結果的に三人が傷害や器物損壊容疑で逮捕されたが、度々の通報にもかかわらず、警察の動きは、ゲート前抗議の市民に対するのと対照的に、とても鈍かったという。

同じ20日にはうれしいこともあった。この日は旧暦8月8日、トーカチ（米寿＝88歳）を祝う日だ。座り込み参加の長老・名護市の田港清治《たみなとせいじ》さんのトーカチと、4月下旬から悪性リンパ腫の治療のため入院し、先月末退院して自宅療養中の「ミスター・ゲート前」こと山城博治さん（沖縄平和運動センター議長）の退院を祝う合同祝いが、ゲート前で盛大に行われた（平和市民連絡会の伊波義安さんや宜野座映子さんらが呼びかけ、準備してくださった）。この日は山城さんの誕生日でもあり、昨年7月から入院直前までゲート前行動をリードしてきた彼の帰還を迎えようと、テントは溢れんばかり。博治さんがお礼状とともに用意した沖縄銘菓・クンペンの袋詰め作業を私も朝から汗だくで手伝ったが、五〇〇人分用意した袋は全然足りなかった。

三線の演奏に合わせてお二人がテント前に姿を現すと、割れんばかりの拍手と「お帰りなさい」の大合唱が起こり、この日のために特訓した三線グループと約三〇人の踊り手（私も見よう見まねで踊りに参加した）による「かぎやで風」、かわいい子どもたちを交えたフラダンスや歌、そしてお二人の挨拶と続いた。博治さんは抗がん剤の影響による脱毛こそあったがやつれた様子も見せず、マイクを握るや、以前と変わらない「山城節」をさく裂させ、体調を慮って三〇分の予定が一時間近くに延びた。涙と笑いの一時間は、昨夜来の凶事も忘れさせ、参加者に元気とエネルギーを注ぎ込んだ。

沖縄の過剰な基地負担の現状と辺野古基地建設反対を国際社会に訴えるため、19日に沖縄を出発した翁長知事は21日、スイス・ジュネーブで開かれた国連人権理事会で演説した。日本の知事が同理事会で演説するのは初めてだという。翁長氏は二分間という時間制限の中、冒頭で「沖縄の人々の自己決定権がないがしろにされている」と述べ、沖縄の基地は強制接収されたものであること、基地による事件や事故が人権や民主主義を脅かしていること、日本政府が沖縄の民意を一顧だにせず美しい海を埋め立て、基地建設を強行しようとしていること、あらゆる手段でそれを止める覚悟であること、というこれまでの主張を凝縮してまとめ、「沖縄の原点」を世界に訴えた。演説に先立ち、国連欧州本部における「沖縄の軍事化と人権侵害」シンポジウムで二〇分の講演も行った。

日本政府は「軍事施設の問題は人権理事会にはなじまない」と牽制したが、戦争や軍事基地が人権侵害の元凶であることは世界の常識であり、的外れの批判は彼らの焦りの表れでしかない。

翁長知事が、沖縄の「自己決定権」という言葉から国連演説を始めたことは、1879年に「琉球」が明治政府に滅ぼされて以来（もっと遡れば1609年の薩摩侵攻以来の四〇〇年余）、自らおよび子々孫々の運命を決定的に左右することへの意思を無視され、外部権力に翻弄されてきたウチナーンチュの琴線に触れた。この二〇年間、日米両政府が勝手に基地建設を決め、自分たちの運命を自分たちで決められない悔しさに歯噛みしてきた私（たち）も、これはまさしくそういうことなのだと胸に落ちた。そして、国連からの帰途、東京の日本外国特派員協会で講演後、外国人記者に「日本政府が考えを変える見込みはないのではないか」と問われ、「勝てそうもないから言うことを聞くというのは人間として生きる意味合いが薄れる」と返した知事の言葉は、まさに辺野古の現場でたたかうすべての人々の気持ちにぴったり重なるものであった。

知事が国連で講演している頃、私は、私の住む三原区の隣、汀間区公民館を会場にして行われた「平和の海　国際交流キャンプ」に参加していた。韓国（その多くは、海軍基地建設に反対している済州島から）、台湾を中心に、アメリカ、ハワイ、インドネシア、オーストラリア、ニュージーランド、ドイツ、アイルランドなどから訪れた七〇人（若者が多い）に沖縄在住者を含む一〇〇人ほどが、それぞれの場所での軍事基地や戦争に反対するたたかいや状況を報告し、意見を交わし、交流を深めた。韓国語、中国語、英語、日本語のどれかで報告者が話す一区切りごとに、それ以外の三カ国語の翻訳が一斉に始まる。それは、初めて経験する、なんだか不思議で、そして豊かな気持ちにさせてくれる素敵な空間だった。会場に掲げられた「海を超え平和の手をつなごう」と書かれた横幕が現実味を持って、すーっと心身に入ってくる。それぞれの状況は厳しいけれど、国境を超えて、島々の自然も人もみんなつながっているんだと感じ、たくさんの元気をもらえた。

ところがその翌朝、とんでもないことになった。22日早朝、ゲート前座り込みを見学していたキャンプ参加者の一人である韓国人男性が逮捕されたという知らせが届いたのだ。聞くところによると、妊娠中の妻が警察による座り込み排除の混乱に巻き込まれたのをかばおうとした夫が警察官に羽交い絞めにされ、思わずばたつかせた足が警察官に当たってしまったのを「蹴った」「公務執行妨害」だとして、言葉も通じないまま連行されてしまったという。

名護警察署前には、「仲間を返せ！」「Free a frend now!」……と、この理不尽な逮捕に対する各国語の抗議の声が一日中響いた。キャンプ参加者たちの多くが滞在を延期して釈放を求めたにもかかわらず、24日、不当にも一〇日間の勾留が決定された。18日の逮捕者も勾留延長されており、辺野古への不当弾圧はエスカレートする一方だ。

こんな状況がこの先どのくらい続くのか、見当もつかない。翁長知事は国連から帰沖後、埋め立て承認取り消しの手続きを進めており、近々に取り消しを行うと思われるが、政府はそれを無効にする法的手段や訴訟に打って出るだろう。海上やゲート前での市民の抵抗を抑え込む海上保安庁や機動隊の暴力はますます強まり、私たち県民をあきらめさせるためのあの手この手が行われるだろう。

辺野古・久志・豊原（久辺三区と呼ばれる）に対象を絞って、政府が新たな交付金の創設を検討していると報道された。名護市を介さず対象区に直接支出するという。新基地建設の地元である同じ名護市東海岸の久辺三区と私たち二見以北十区を分断するものであり、基地建設に反対している名護市の地方自治への悪質な介入だ。

しかし、彼らが成功するとは思われない。私たちは孤立していないし、「正義」がどちらにあるかは明らかだ。私たちはけっしてあきらめない。ゲート前では毎日、「沖縄の道は沖縄が決める」と唄われている。自分たちの未来は自分たちで決めるのだ。日本全国で、沖縄で、若者たちが立ちあがっている。未来は彼らのものだ。

この本のタイトル「みるく世や　やがて」は、最後の琉球国王であった尚泰が詠んだとされる琉歌（実際には、それを題材にした沖縄芝居の中の歌だという）

**戦世ん済まち　弥勒世ややがて　嘆くなよ臣下　命どぅ宝**

（いくさゆんしまち　みるくゆややがてぃ　なじくなよしんか　ぬちどぅたから）

**＝戦世も終わって、やがて平和で豊かな世がやってくる　嘆くな皆さん　命を大切に＝**

の一節を拝借したものである。弥勒世《みるく》は、目指すべき平和で豊かな理想の社会のことであり、沖縄が長い苦難の歴史の中で求め続けてきたものだ。

表紙には、私が所蔵している嘉陽出身の画家・宮城晴子さん（２０１４年2月、77歳で死去）の絵画「サンゴ礁」（Ｆ８号）を使わせていただいた。生まれジマ・嘉陽の海をこよなく愛し、潮騒に育まれながら絵一筋に生きた晴子さんの魂がこの絵には込められている。自然を壊す基地建設に強く反対していた彼女は、私がこの絵を使うことを怒りはしないだろう。

この本を作るにあたって、インパクト出版会の須藤久美子さんにはたいへんお世話になりました。深く感謝申し上げます。

なお、前著四冊と同様、本文の内容はすべて、私の個人的な視点からのものである。ここにはさまざまな運動団体が登場し、私自身が係っているものも多いが、書いた内容はあくまで私の個人的な見解であり、誤謬や偏見、思い込みも多々あると思う。それらについては私が全面的に責任を負うものである。本文中に全文を掲載した各団体の要請文や声明は、私が起草し、私を文責とするものに限った。

私たちがあきらめなければ、やがて必ず、人間を含むこの島のすべての命が生き生きと生きられる「みるく世」が来ることを確信して、「あとがき」としたい。

２０１５年９月30日

浦島　悦子

［著者略歴］

## 浦島 悦子　うらしまえつこ

1948 年　鹿児島県薩摩川内市に生まれる。
1991 年　「闇のかなたへ」で新沖縄文学賞佳作受賞
1998 年　「羽地大川は死んだ」で週刊金曜日ルポルタージュ大賞報告文学賞受賞
現住所　905-2264　沖縄県名護市三原 193-1

◆著書
『奄美だより』現代書館、1984 年
『豊かな島に基地はいらない　沖縄やんばるからあなたへ』
　インパクト出版会、2002 年
『やんばるに暮らす　オバァ・オジィの生活史』ふきのとう書房、2002 年
『辺野古　海のたたかい』インパクト出版会、2005 年
（第 12 回平和・協同ジャーナリスト基金奨励賞受賞）
『島の未来へ　沖縄・名護からのたより』インパクト出版会、2008 年
『名護の選択　海にも陸にも基地はいらない』インパクト出版会、2010 年

◆共著
『ジュゴンの海と沖縄　基地の島が問い続けるもの』ジュゴン保護キャンペーンセンター編、宮城康博 、花輪伸一、目崎茂和、大西正幸と共著　高文研、2002 年
『シマが揺れる　沖縄・海辺のムラの物語』写真・石川真生　高文研、2006 年

みるく世《ゆ》や　やがて　――沖縄《おきなわ》・名護《なご》からの発信《はっしん》

2015 年 10 月 15 日　第 1 刷発行
著　者　浦島 悦子
装　幀　宗利 淳一
発行人　深田　卓
発　行　株式会社 インパクト出版会
東京都文京区本郷 2-5-11　服部ビル 2F
Tel 03-3818-7576　Fax 03-3818-8676
impact@jca.apc.org　http://www.jca.apc.org/~impact/
郵便振替　00110-9-83148



印刷・製本　モリモト印刷

## 豊かな島に基地はいらない

**沖縄・やんばるからあなたへ**

浦島悦子 著 02 年 1 月刊 1900 円＋税 ISBN 978-4-7554-0113-8

米兵少女強姦事件から日本全土を揺るがす県民投票へ—いのちと豊かな自然を守るため、沖縄の女たちは立ち上がった。反基地運動の渦中から日本政府を鋭く告発しつつ、オバァたちのユーモア溢れる闘いぶり、島の豊かな生活、沖縄の人々の揺れ動く感情をしなやかな文体で伝える。

## 辺野古　海のたたかい

浦島悦子 著 05 年 12 月刊 1900 円＋税 ISBN 978-4-7554-0160-2

［第 12 回平和・協同ジャーナリスト基金賞受賞］那覇防衛施設局は、米軍・普天間飛行場代替施設の建設に向け、名護市辺野古沖でボーリング調査を強行しようとする。しかしジュゴンの生息地である美しい海を基地にさせぬため、海上に防衛施設庁の組んだ単管をめぐる洋上での闘いが開始された。闘いの渦中からのレポート。

## 島の未来へ

**沖縄・名護からのたより**

浦島悦子 著 08 年 8 月刊 1900 円＋税 ISBN 978-4-7554-0189-3

新たな米軍基地建設のターゲットとされて 12 年。ジュゴンの住む海と暮らしを守るたたかいが今も続く名護市東海岸。沖縄在日米軍普天間基地の移設先に決定された辺野古での住民による反対運動の渦中からのレポート第 3 弾。

## 名護の選択

**海にも陸にも基地はいらない**

浦島悦子 著 10 年 6 月刊 1900 円＋税 ISBN 978-4-7554-0204-3

沖縄はもう一歩も引かない！国政を揺るがす普天間移設問題は、日米安保を根本的に問い直す流れを創り出している。鳩山政権に託した県民の期待は裏切られた。激動の時代を名護の現場から報告。

## 出来事の残響

**原爆文学と沖縄文学**

村上陽子 著 15 年 7 月刊 2400 円＋税 ISBN 978-4-7554-0255-5

沖縄・広島・長崎、いま・ここにある死者たちとともに。収束なき福島原発事故、沖縄を蹂躙する軍事基地。この時代の中で原爆や沖縄戦のなかから紡ぎ出された文学作品をとおし、他者の痛みを自分の問題としていかに生きなおすかを問う。

## 流着の思想

**「沖縄問題」の系譜学**

冨山一郎 著 13 年 10 月刊 3000 円＋税 ISBN 978-4-7554-0241-8

独立とは、あるべき世界への復帰である。渾身の書き下ろし長篇論考。序章 違和の経験 第一章 戒厳令と「沖縄問題」第二章 流民の故郷 第三章 始まりとしての蘇鉄地獄 第四章 帝国の人種主義 終章 戦後という問い 補章 対抗と遡行 —フランツ・ファノンの叙述をめぐって—